豆制品生产
一本通

高海燕　刘　政　郝子娜　主编

U0243726

化学工业出版社

·北京·

内容简介

　　豆制品主要分为两大类，即以大豆为原料的大豆食品和以其他杂豆为原料的其他豆制品。本书主要讲述以大豆为原料生产的豆制品。本书主要内容包括大豆的化学组成、功能成分、抗营养因子和加工特性，豆制品加工厂选址和设计，豆清豆腐、内酯豆腐、北豆腐和南豆腐的生产，豆腐干和腐竹生产，特色豆腐、大豆饮料等其他豆制品的生产。书中详细阐述了一些豆制品生产的基本原理、生产工艺、机械设备和操作要点等，方便读者掌握技术细节。

　　本书可作为豆制品加工企业技术管理人员的参考用书，也可供食品科学与工程相关专业师生阅读。

图书在版编目（CIP）数据

　　豆制品生产一本通/高海燕，刘政，郝子娜主编 . —北京：化学工业出版社， 2022.8（2024.8重印）
　　ISBN 978-7-122-41444-1

　　Ⅰ.①豆… Ⅱ.①高…②刘…③郝… Ⅲ.①豆制品加工-教材　Ⅳ.①TS214.2

　　中国版本图书馆 CIP 数据核字（2022）第 085963 号

责任编辑：彭爱铭　　　　　　　　　装帧设计：关　飞
责任校对：刘曦阳

出版发行：化学工业出版社
　　　　　（北京市东城区青年湖南街 13 号　邮政编码 100011）
印　　装：北京天宇星印刷厂
850mm×1168mm　1/32　印张 5　字数 89 千字
2024 年 8 月北京第 1 版第 2 次印刷

购书咨询：　010-64518888　　　售后服务：　010-64518899
网　　址：　http://www.cip.com.cn
凡购买本书，如有缺损质量问题，本社销售中心负责调换。

定　　价：　39.00元　　　　　　　　版权所有　违者必究

前言

随着经济发展和生活水平的提高，人们的饮食逐步向营养、健康、卫生方向发展，而豆制品因其蛋白质含量高，营养丰富，具有一定的保健功能，对心血管病、肿瘤等慢性疾病有预防作用，成为颇受消费者欢迎的食品。豆制品主要分为两大类，即以大豆为原料的大豆食品和以其他杂豆为原料的其他豆制品。本书主要介绍以大豆为原料的豆制品的生产技术，大多数豆制品是大豆的豆浆凝固而成的豆腐及其再制品。

本书主要内容包括大豆的功能成分、豆制品加工厂设计、豆腐生产、豆腐干和腐竹生产、其他豆制品的生产，详细阐述了一些豆制品的生产工艺、机械设备和操作要点等。在编写过程中融合了一些基础理论和生产实践经验，将传统工艺与现代加工技术相结合，条理清楚，通俗易懂，实用性较强。本书可供从事豆制品开发的科研技术人员、企业管理人员和生产人员学习参考使用，也可作为大中专院校食品科学与工程相关专业的参考用书。

本书由河南科技学院高海燕和锦州医科大学刘政、郝子娜主编，高海燕主要负责第三章的编写及全书统稿工作，刘政主要负责第一章、第二章并参与第三章的部分编写工作，郝子娜主要负责第四章和第五章的编写工作。郑州新农源绿色食品有限公司技术副总黄林昌提出了宝贵意见，在此致以最诚挚的谢意。

在编写过程中参考了一些相关书籍和文献，在此对原作者表示感谢。

由于作者水平有限，不当之处在所难免，希望读者批评指正。

编者
2022 年 3 月

目录

第二章　豆制品加工厂选址、设计 / 025

第三章 豆腐生产 / 047

第四章 豆腐干和腐竹生产 / 099

第五章 其他豆制品生产 / 125

第一章

大豆概述

我国大豆制品的生产、经营和消费的历史非常悠久。豆腐的制作可追溯到汉朝，据传是公元前 2 世纪淮南王刘安所创。大豆的制品种类非常丰富，主要有酱油、豆腐、豆浆、腐乳、腐竹、豆芽等。在中国北方习惯用大豆粉与杂粮粉混合作主食食用。大豆压榨可制得豆油，豆油是优质食用油，氢化后还可以制人造奶油。豆粕中可提取分离蛋白和浓缩蛋白，用于制作饮料、蛋白肉和香肠等食品。

第一节　大豆的化学组成

一、蛋白质

大豆蛋白质的含量因品质、栽培时间和栽培地域不同而变化，一般而言，我国大豆的蛋白质含量一般在40％左右，个别品种甚至高达 53％。大豆蛋白质根据生理功能分类法分为两类，一是储藏蛋白，二是生物活性蛋白。大豆与肉类食物相比，1kg 所含蛋白质的数量相当于 2.1kg 瘦牛肉或者 2.5kg 瘦猪肉所含的蛋白质。

大豆储藏蛋白约占总蛋白质的 70％，占大豆蛋白质的主体，这与大豆的加工性能关系密切。生物活性蛋白所占比例不多，但对大豆制品的质量却非常重要，其主要包括胰蛋白酶抑制剂、淀粉酶、红细胞凝集素、脂肪氧化酶等。大豆中的蛋白质有 $84\%\sim86\%$ 属于水溶性蛋白质，主要是球蛋白，占水溶性蛋白质的 83%。大豆蛋白质的相对分子质量是根据蛋白质溶液在离心机中的沉降速度分级，即按相对分子质量大小分为 2S、7S、11S、15S 四级（S 为沉降系数，$1S=10^{-13}$ 秒）。其中 7S 和 11S 是主要成分，7S 占 37%、11S 占 31%、2S 占 22%、15S 占 11%。

大豆蛋白具有热变性、冷变性、溶解性、吸水性、乳化性、凝胶性、起泡性和吸油性等功能特性。人们利用这些特性进行大豆食品的加工。

二、脂类

大豆脂类含量约为 21.5%，包括脂肪、磷脂、固醇、糖脂和脂蛋白等，主要储藏在大豆细胞内的脂肪球中。脂肪球分布在大豆细胞中蛋白体的空隙间，其直径为 $0.2\sim0.5\mu m$。大豆脂类其中主要成分是中性脂肪，占脂类总量的 88% 左右。磷脂和糖脂分别占脂类总含量 10% 和 2% 左右。

大豆中含有 $1.2\%\sim3.2\%$ 的磷脂，在食品工业中广泛用作乳化剂、抗氧化剂和营养强化剂。大豆磷脂的主要成分是卵磷脂、脑磷脂及磷脂酰肌醇。全部磷脂中卵磷脂占 30% 左右，脑磷脂占 30% 左右，磷脂酰肌醇占 40% 左右。卵磷脂具有良好的乳化性和一定的抗氧化能力，是一种非常重要的食品添加剂。大豆中的固醇类物质是类脂中不皂化物的主要成分，固醇在紫外线照射下可转化为维生素 D。在制油过程中，固醇转入油脚中，因而可从油脚中提取固醇。

大豆油脂的不饱和脂肪酸中含有必需脂肪酸——亚油酸和亚麻酸。由于不饱和脂肪酸具有防止胆固醇在血管中沉积及溶解沉积在血管中胆固醇的功能，食用大豆制品或大豆油对人体是有益的。

然而不饱和脂肪酸稳定性差，易氧化生成过氧化物，过氧化物继续分解，产生低级的醛和羧酸，这些物质产生令人不愉快的嗅感和味感。虽然饱和脂肪酸也能发生自发氧化，但速度要慢得多。因此，不饱和脂肪酸含量高又不利于大豆制品的加工与贮藏。

三、碳水化合物

大豆中的碳水化合物分为可溶性与不溶性两大类。

大豆中含有 25% 的不可溶性碳水化合物，主要指纤维素、果胶等多糖类。加工时磨豆时磨的间隙过少，磨浆的次数太多，由于剪切力的作用，会产生分子直径较小的纤维素，这些纤维素在过滤压力或过滤离心力过大时会穿过滤网，进入豆浆中，导致豆腐口感粗糙，而且还影响豆腐的弹性。国内外越来越多生产厂家采用熟浆法生产豆腐，原因在于加热浆渣，过滤，让纤维素在加热条件下通过亲水基团的氢键与水形成水合物，而使分子体积增大，减少纤维素分子通过滤网的数量，有效改善豆腐的口感，豆腐品质更好。

大豆含有的糖中蔗糖可以被人体消化吸收利用。水苏糖和棉子糖这些碳水化合物通常也被称为"胀气因子"。它们进入人体后，在胃、小肠中不能被消化，当它们达到大肠后，经大肠中的菌发酵作用产生二氧化碳、甲烷而造成人体有胀气感。因此，大豆用于生产食品时，要改变加工工艺除去这些不易消化的碳水化合物。

四、维生素

大豆中的维生素含量较少，主要以水溶性维生素为主，有维生素 B_1、维生素 B_2、烟酸、维生素 B_6、泛酸等。脂溶性维生素少，主要有维生素 A、维生素 E。

五、矿物质

矿物质也称为无机盐，其含量因大豆的品种及种植条件差异较大，主要是钙、钾、钠、镁、硫、磷、铁、锌、铜、锰等。总含量一般在 4.0% ~ 5.0% 的范围之内。

大豆的矿物质成分中，钙的含量差异最大，实验测得的最低值为 163mg/100g 大豆，最高值为 472mg/100g 大豆。蒸煮大豆的硬度与大豆的含钙量有关，当钙的含量高时，蒸煮出的大豆硬度大。大豆中磷的存在形式有 4 种，其中植酸钙镁中含磷最多，约占大豆磷含量的 75％。植酸钙镁溶解性不好，影响人体对钙、镁、磷的吸收。大豆在发芽过程中，植酸酶被激活，矿物质元素游离出来，从而使其生物利用率明显提高。

六、酶类

大豆中已发现的酶有 30 多种，主要是淀粉酶、蛋白酶、脂肪氧化酶、脲酶等，这些酶受热易被破坏。在储存大豆种子时应控制温度、湿度等条件，抑制各种酶的活性，减弱大豆的各项生命活动，降低营养物质的消耗。

大豆子叶接近表皮的脂肪氧化酶活性很高。当大豆的细胞壁破碎后，只要有少量水存在，脂肪氧化酶就可利用溶于水中的氧催化大豆中的不饱和脂肪酸发生酶促氧化反应，形成氢过氧化物。当有受体存在时氢过氧化物可继续降解形成正己醇、己醛和酮类等具有豆腥味的物质。这些物质与大豆中的蛋白质有亲和性，即使利用提取和清洗等方式也很难去除。已鉴定出近百种大豆油脂的氧化降解产物，其中造成豆腥味的主要成分是己醛。

七、有机酸

大豆中已测出含有多种有机酸，如柠檬酸、苹果酸和植酸等。

　　大豆中植酸含量为 1.35% 左右，植酸又称肌醇六磷酸。植酸的磷酸根与蛋白质分子形成难溶性的复合物，不仅降低蛋白质的生物效价与消化率，而且影响蛋白质的功能特性，还可抑制胰脂肪酶的活性，影响矿物质的吸收利用，降低磷的利用率。豆制品加工时，磨浆前的浸泡，可以提高植酸酶活性，分解一部分植酸，降低植酸对蛋白质的不利影响。

第二节　大豆的功能成分

一、大豆多肽

　　大豆多肽，大豆蛋白质经蛋白酶作用后，经特殊处理而得到的蛋白质水解产物，是由多种肽混合物所组成的。科学研究表明，大豆多肽具有良好的营养特性，易消化吸收，尤其是某些低分子的肽类，不仅能迅速提供机体能量，同时还具有降低胆固醇、降血压和促进脂肪代谢、抗疲劳、增强人体免疫力、调节人体生理机能等功效。虽然大豆多肽的生产工艺较复杂、成本较高，但其具有独特的加工性能，如无蛋白变性、无豆腥味、易溶于水、流动性持水性好、酸性条件下不产生沉淀、加热不凝固、低抗原性等，这些都是大豆多肽作为原料开发功能性保健食品的重要依据。

大豆多肽的生物活性主要有以下几个方面。

第一，易消化吸收，提高氨基酸利用率。

大豆多肽的相对分子质量大小、肽链长度以及各种理化性质是由所选用的酶类、水解条件和分离方法所决定的，尽管水解方法不同，但获得的大豆肽大多是少于10个氨基酸组成的低分子肽，所以易于被机体吸收。可应用于功能性饮料、运动营养食品、酸奶等食品的生产。

第二，促进脂肪代谢，降低胆固醇。

大豆多肽不仅易消化吸收，而且能与机体内的胆酸结合，具有降低胆固醇等功能。此外，还有较强的促进脂肪代谢的效果，是一种有效的减肥食品。

第三，抗过敏。

大豆多肽的抗原性较原大豆蛋白低，可以给易引起食品过敏的人提供一种比较安全的蛋白质食品。

第四，降血压。

大豆多肽能抑制血管中的血管紧张素转换酶的活性，防止末梢血管收缩，因而具有降血压的作用。它降压作用平稳，不会出现药物降压过程中可能出现的大的波动，尤其对原发性高血压患者具有显著的疗效，对血压正常的人没有降压作用。

第五，矿物质元素吸收。

大豆肽具有与钙及其他微量元素有效结合的活性基

团，可以形成有机钙多肽络合物，大大促进钙的吸收。目前补钙制剂主要是乳酸钙，但吸收率并不高。而大豆肽和钙形成的络合物其溶解性、吸收率和输送速度都明显提高。此外，大豆多肽还可以与铁、硒、锌等多种微量元素结合，形成有机金属络合肽，它们是微量元素吸收和输送的很好载体。

第六，促进微生物的生长。

由大豆蛋白经酶法降解得到的肽，对乳酸菌、双歧杆菌和酵母菌等多种微生物有生长促进作用，并能促进有益代谢物的分泌。大豆多肽对肠道内双歧杆菌和其他正常微生物菌群的生长繁殖具有很好的促进作用，能保持肠道内有益菌群的平衡；对防止便秘和促进肠道的蠕动具有显著的作用，使排便顺畅。

第七，降血糖。

大豆多肽对 α-葡萄糖苷酶有抑制作用，对蔗糖、淀粉、低聚糖等糖类的消化有延缓作用，能够控制机体内血糖的急剧上升，从而起到降低血糖的作用。

二、大豆低聚糖

大豆低聚糖是大豆中由 $2\sim10$ 个单糖分子以糖苷键相连接而形成的糖类的总称，其主要成分为水苏糖、棉子糖。大豆低聚糖是一种低甜度、低热量的甜味剂，是蔗糖甜度的 70%，热能的 50%，安全无毒。因此，可代替部分蔗糖作为低热量甜味剂。大豆低聚糖的保温、吸湿性比蔗糖小，但优于果葡糖浆，水分活性接近蔗糖，可用于清凉饮料和焙烤食品，也可用于降低水分活性、抑制微生物繁殖，还可以起到保鲜作用。

大豆中的低聚糖含量因品种、栽培条件、气候等不同略有差异。成熟后的大豆约含有10%低聚糖，其中水苏糖约4%，棉子糖约1%，蔗糖约5%。水苏糖和棉子糖属于储藏性糖类，在未成熟期几乎没有，随大豆的逐渐成熟其含量逐渐增加。当大豆发芽、发酵，或者大豆储藏温度低于15℃，相对湿度60%以下的条件下，水苏糖、棉子糖含量也会减少。

大豆低聚糖的生物活性如下。

第一，通便洁肠。有一部分便秘患者是因为肠内缺少双歧杆菌所致。尤其是老年人，随着年龄增长，肠内双歧杆菌逐渐减少而极易患上便秘。试验证明，健康人每天摄取3克大豆低聚糖，就能促进双歧杆菌生长，产生通便作用。大豆低聚糖还能促进肠蠕动，加速排泄。

第二，促进双歧杆菌增殖。经实验研究证明，每天摄入10～15g大豆低聚糖，17天后双歧杆菌可由原来的0.99%增加到45%。在肠道内的双歧杆菌特别容易利用大豆低聚糖，产生乙酸和乳酸及一些抗菌物质，从而抑制外源性致病菌和肠内原有腐败细菌的增殖；双歧杆菌还可通过磷脂酸与肠黏膜表面，形成一层具有保护作用的生物膜屏障，从而阻止有害微生物的入侵和定殖。

第三，降低血清胆固醇。双歧杆菌直接影响和干扰

3-羟基-3-甲基戊二酰辅酶 A 还原酶的活性，抑制了胆固醇的合成，使血清胆固醇降低。

第四，保护肝脏。长期摄入大豆低聚糖能减少体内有毒代谢物质产生，减轻肝脏解毒的负担，所以在防治肝炎和预防肝硬化方面也有一定的作用。

三、大豆磷脂

大豆磷脂是指以大豆为原料所提取的物质，包括卵磷脂、脑磷脂、磷脂酰肌醇等。

大豆磷脂为非极性脂类化合物，可与植物油相溶，存在于粗制植物油中，含量为 $0.55\% \sim 3.55\%$。磷脂极易吸潮，吸潮后形成与油脂分离的极性化合物——磷脂水合物，所以在粗制植物油中有水分存在时，可从油中沉淀出来，形成油脚。磷脂还具有乳化性，可使水和油溶性物质形成乳化液。

大豆磷脂的生物活性如下。

第一，维持细胞膜结构和功能的完整性。磷脂是人体细胞膜的组成成分，普遍存在于人体细胞中。磷脂是保证人体正常代谢和健康必不可少的物质。

第二，强化大脑功能，增强记忆力。磷脂是脑神经细胞信息传递的生物活性物质。磷脂在脑中的含量是人体各组织中最多的，约为肝、肾的 2 倍，心肌的 3 倍。脑内磷脂含量随年龄增长而增加，细胞内大部分磷脂半衰期可达 220 天，磷脂在细胞结构中是稳定的。磷脂参与细胞新陈代谢的代谢产物就是各种神经细胞信息传递所必需的化学物质——乙酰胆碱。磷脂是乙酰胆碱的前体，在体内会水解成胆碱、甘油磷酸及脂肪酸。随血液进入大脑，在大脑中与乙酸结合转化成乙酰胆碱。乙酰胆碱越高，传递信息的速度越快，记忆力就越好。

第三，保护肝脏。肝脏中脂肪过量会形成脂肪肝，磷脂中胆碱对脂肪代谢有重要作用。若体内胆碱不足，则影响脂肪代谢，使脂肪在肝脏内蓄积。适量补充磷脂可防止脂肪肝，还可促进肝细胞再生。

第四，降低胆固醇、调节血脂。磷脂是性能较好的天然乳化剂，磷脂可降低血液黏度，改善血液供氧循环状况。在血液中能起到乳化作用，可形成脂蛋白，除去多余胆固醇与甘油三酯，并清除部分沉淀物，同时改善脂肪的吸收和利用。

四、大豆膳食纤维

1. 组成结构

大豆膳食纤维的主要成分是非淀粉多糖类，包括纤维素、木聚糖、果胶质和甘露糖等。大豆膳食纤维没有还原性和变旋现象，也没有甜性，而且大多数难溶于水，部分能和水形成胶体溶液。

2. 理化性质

大豆膳食纤维结构中的极性基团及其三维网状结构

使其具有高持水力的特性。持水力指纤维样品在一定条件下吸水增重的能力，是评价不溶性膳食纤维生理性能的重要指标。大豆膳食纤维可增加肠胃蠕动，使粪便排放的体积与速度均加快，都依赖于膳食纤维的持水性；还能减轻直肠内的压力，同时也可以减轻泌尿系统的压力，缓解泌尿系统疾病。

摄入大豆膳食纤维可以调节血糖水平，原因在于大豆膳食纤维进入消化道后，可以在胃部及肠道内形成网状结构，增加消化液的黏度，使食物与消化液不能充分接触，从而阻碍葡萄糖的扩散和吸收。

3. 应用

大豆膳食纤维是一种很实用的面粉品质改良剂，它能增强面团网络结构，改善面团特性等功效，持水性好。添加适量的大豆膳食纤维可制成具有不同风味和保健功能的食品。

第一，主食。主要添加到面包、面条、馒头中。适量地添加大豆膳食纤维可以提高面包的营养、保健功能及保存性质。在馒头中添加大约 8% 的大豆膳食纤维，可使面团筋力增强，口感良好。

第二，饼干糕点。饼干的糖和油脂含量均较高，且对面粉筋力要求较低，可以较大比例添加膳食纤维。糕点在制作中含有较高水分，加入大豆膳食纤维后，因其具有较高的持水力，有利于保持糕点体积和保鲜。

第三，肉制品、饮料。大豆膳食纤维经过加工后有一定的凝胶性、持油力，可以改善肉制品的加工特性，可用在火腿肠、午餐肉、肉松等产品中。大豆膳食纤维用乳酸菌发酵后制成乳清料或者添加到凝乳、干酪中，也可用于多种碳酸饮料中。

五、大豆异黄酮

大豆异黄酮属于黄酮类化合物，与雌激素的结构十分相似，又称为植物雌激素。大豆异黄酮具有降低血脂、抗动脉粥样硬化、改善女性更年期疾病、增强人体免疫力等作用。

六、大豆皂苷

大豆皂苷是三萜类化合物，具有一个或两个糖链。因其水溶液能形成像肥皂一样的持久性泡沫而得名。大豆皂苷具有多种生物学活性，长期食用大豆皂苷能够有效预防高血压、抗肿瘤、延缓衰老等。

第三节　大豆的抗营养因子

大豆中也含有多种抗营养因子，若不加以认识和采取有效的加工措施，这些有害物质会引起大豆食品的营养价值下降及风味品质劣变。因此，在豆类食品的生产加工过程中，要采取一定的方法去除抗营养因子或减弱它的影响。

一、红细胞凝集素

大豆中含有一种抗营养因子，是一种糖蛋白，能使红细胞凝集，称为植物红细胞凝集素，简称凝集素。含有凝集素的豆类，在未经加热破坏之前食用，会引起进食者恶心、呕吐等症状，严重者甚至会引起死亡。湿热处理可使其完全失活。方法有在常压下蒸汽处理 1h 或高压蒸汽处理 15min。

二、胰蛋白酶抑制剂

胰蛋白酶抑制剂是大豆、菜豆等多数豆类中含有的能够抑制小肠胰蛋白酶活性的抗营养因子。生食豆类食物，由于胰蛋白酶抑制剂没有遭到破坏，会反射性地引起胰腺肿大，妨碍食物中蛋白质的消化、吸收和利用，因此食用前必须使之钝化。胰蛋白酶抑制剂在湿热条件下较容易失活。钝化胰蛋白酶抑制剂的有效方法是常压蒸汽加热 30min；或高压蒸汽加热 15～20min；或大豆用水浸泡至含水量 60% 时，蒸 5min 即可。

三、致甲状腺肿素

大豆中含有致甲状腺肿胀因子，也称致甲状腺肿素，研究表明，它使人体甲状腺素的合成受到阻碍。在大豆制品中加入微量碘化钾可消除这种影响。湿热处理也能使这种物质消失一部分。

四、植酸

大豆中含有植酸，植酸能与铜、锌、铁、镁等元素结合，对植物体具有重要的生物学意义。因为被螯合的无机盐元素可以稳定地存在于种子中，这是大豆在保护自己珍贵的营养成分，供自己将来发芽，为下一代植株提供营养的需要。然而，食用大豆时这些营养成分因为被植酸所结合而无法利用。去除植酸的影响，方法是让大豆浸泡在 $20 \sim 25℃$ 的水中，使其适当发芽，在此过程中，植酸酶活性大大升高。植酸酶可以分解植酸生成肌醇和磷酸。植酸被分解，游离氨基酸、维生素 C 含量增加，使原来被植酸螯合的元素释放出来，变成能被人体利用的状态。

五、抗营养因子的脱除

大豆中的抗营养因子如胰蛋白酶抑制剂、凝集素、致甲状腺肿素等都是热不稳定的，通过加热处理可消除。另一类物质如棉子糖、水苏糖、皂苷等对热稳定，只有在大豆制品的生产过程中通过水洗、醇溶液处理等方法来去除。

六、豆腥味及其脱除方法

大豆制品中的腥味物质主要来自不饱和脂肪酸的氧化产物。

生产过程控制是在加工豆制品时通过控制工序条件，采取一定手段对豆制品进行处理，使其降低或去除豆腥味。

1. 物理法

物理法脱腥，包括加热法、溶剂法、蒸馏法等方法。加热法是将粗碎大豆或大豆粉加热或通以蒸汽，使大豆的一部分气味由于挥发或热分解而减少。大豆在蒸煮、焙炒和加水磨碎后再加热等，加热条件虽然各不相同，但都能除去豆腥味。加热能使大豆中的酶类发生热变性（钝化）而失去活性，对减少豆腥味是有益的。

脂肪氧化酶是引起大豆异味的主要原因。为了防止豆腥味的产生，就必须钝化脂肪氧化酶。加热是钝化脂肪氧化酶的最基本、最简单的方法，但由于加热会同时引起蛋白质的变性，因此在实际操作中应处理好加热与钝化的关系。脂肪氧化酶的耐热性差，当加热温度高于

85℃时，酶失去活性。若加热温度低于80℃，脂肪氧化酶的活力就受到不同程度的损害，加热温度越低，酶的残存活力就越高。在制作豆腐时，采用80℃以上热磨的方法，是防止豆腥味的一个有效措施。

溶剂法是用乙醇、氯化钙溶液或己烷-醇类共沸点混合物等浸泡冲洗大豆或脱脂豆粕，将呈味成分溶出。溶剂法对于脱腥虽然起一定的作用，但会造成蛋白质的流失。

蒸馏法是在减压蒸馏过程中，产生豆腥味的挥发性物质被除去。所有不良气味成分中，挥发性物质占大多数。故减压蒸馏的脱腥效果比其他物理方法要好些。

2. 化学法

化学法脱腥是往豆浆里加入化学药剂，使不良气味成分或助氧化剂与药剂发生反应，以除去豆腥味。常用的脱腥药剂有过氧化氢、亚硫酸盐、酸、碱、葡萄糖酸内酯等。

3. 酶法

酶法去除腥味是利用醇脱氢酶、醛脱氢酶作用于醇、醛等腥味物质，使其水解，消除腥味。

4. 乳酸发酵法

乳酸发酵法去豆腥味的关键有两点：一是豆乳需经乳酸发酵；二是将发酵的豆乳在减压条件下加热。这样，即可除去豆乳中的豆腥味。这两个步骤缺一不可。

第四节　大豆的加工特性

一、吸水性

豆腐加工生产过程中，先将大豆在水中浸泡12h，使其充分吸水，大豆充分吸水后的质量是吸水前质量的2.2～2.5倍。实践证明，温度对大豆的最大吸水量无显著影响，但大豆的吸水速度与环境温度和水温关系密切。环境温度越高，吸水速度越快。大豆栽培过程中会产生石豆，形成石豆原因主要是种子被冻伤，或干燥过程中温度过高，导致产生吸水速度慢或完全不吸水的大豆。不同品种的大豆石豆产生的概率不同。

根据不同地区的环境温度和水温选择适宜栽培的大豆品种格外重要，以免产生石豆。石豆的加工性能差，一是蒸煮时间延长也不易变软；二是不易粉碎。通过显微镜观察石豆，气孔处于封闭状态。在干燥状态下，石豆很难分辨，因此在大豆的生产加工过程中要格外注意，防止因石豆过多降低大豆的加工特性。

二、蒸煮性

大豆吸水后膨胀，在高温高压下会变软。煮熟后，碳水化合物含量高的大豆软，碳水化合物含量低的大豆煮熟后的硬度较高。这可能是由于碳水化合物的吸水力较其他成分高，因而碳水化合物含量高的大豆在蒸煮过程中水分更易侵入内部使大豆变软。

三、热变性

大豆加工食品时，加工操作都包括加热，因此大豆食品中蛋白质必然发生热变性。溶解度的降低是大豆蛋白质的变性表现，降低的程度与加热温度、时间长短、水蒸气含量有关。

四、起泡性

大豆蛋白质分子具有较强的表面活性，由于其结构中既有疏水基团，又有亲水基团。它既能降低油-水界面的张力，呈现一定程度的乳化性，又能降低水-空气的界面张力，呈现一定程度的起泡性。大豆蛋白质分散于水中，形成具有一定黏度的溶胶体。当这种溶胶体受急速的机械搅拌时，会有大量的气体混入，形成大量的水-空气界面。溶胶中的大豆蛋白质分子吸附到水-空气上来，使界面张力降低，形成大量的泡沫。由于大豆蛋白质的部分肽链在界面上形成了二维保护网络，并通过分子内和分子间肽链的相互作用伸展开来，使界面膜被强化，从而促进了泡沫的形成与稳定。

影响蛋白质起泡性有内因和外因两方面的因素。蛋白质本身的分子结构是内在因素。外因主要有溶液中蛋白质的浓度。蛋白质的浓度较低时，黏度较小，容易搅打，起泡性好，但泡沫稳定性差；反之，蛋白质浓度较高时，溶液浓度较大，不易起泡，但泡沫稳定性好。生产加工时发现，单从起泡性能看，蛋白质浓度为12％时，起泡性最好；而以起泡性和稳定性综合考虑，以蛋白质浓度25％为宜。

pH值也影响大豆蛋白质的起泡性。不同方法水解的蛋白质，其最佳起泡pH值也不同，研究表明，有利于蛋白质溶解的pH值，大多也都是有利于起泡的pH值，但以偏碱性pH值最为有利。温度主要是通过对蛋白质在溶液中分布状态的影响来影响起泡性的。温度过高，蛋白质变性，因而不利于起泡；但温度过低，溶液浓度较大，而且吸附速度缓慢，所以也不利于泡沫的形成与稳定。一般来说，大豆蛋白质溶液最佳起泡温度为30℃左右。此外，脂肪的存在对起泡性极为不利，甚至有消泡作用，而蔗糖等能提高溶液黏度的物质，有提高泡沫稳定性的作用。

五、凝胶性

凝胶性是蛋白质形成胶体网状立体结构的性能。大豆蛋白质分散于水中形成胶体。这种胶体在一定条件下可转变为凝胶。凝胶是大豆蛋白质分散在水中的分散体系，具有较高的黏度、可塑性和弹性，它或多或少具有固体的性质。蛋白质形成凝胶后，既是水的载体，也是糖、风味剂以及其他配合物的载体，因而对食品制造极为有利。

凝胶作用受多种因素影响，如蛋白质浓度、蛋白质成分、加热温度、加热时间、pH 值、离子浓度和巯基化合物等。其中蛋白质浓度及其成分是决定凝胶能否形成的关键因素。无论多大浓度的溶液，加热都是凝胶形成的必要条件。在蛋白质溶液当中，蛋白质分子通常呈一种卷曲的紧密结构，其表面被水化膜所包围，因而具有相对的稳定性。由于加热，使蛋白质分子呈舒展状态，原来包埋在卷曲结构内部的疏水基团相对减少。同时，由于蛋白质分子吸收热能，运动加剧，使分子间接触，交联机会增多。随着加热过程的继续，蛋白分子间通过疏水键和二硫键的结合，形成中间留有空隙的立体网状结构。

六、乳化性

乳化性是指两种以上的互不相溶的液体（如油和

水），经机械搅拌等，形成乳浊液的性能。大豆蛋白质用于食品加工时，聚集于油-水界面，使其表面张力降低，促进乳化液形成一种保护层，从而可以防止油滴的集结和乳化状态破坏，提高乳化稳定性。大豆蛋白质乳化性相差较大，主要原因在于蛋白质组成不同以及变性与否等。大豆分离蛋白的乳化性要明显地好于大豆浓缩蛋白。分离蛋白的乳化性作用主要取决于其溶解性、pH值与离子强度等外界环境因素。

第二章

豆制品加工厂
选址、设计

食品卫生是与其建筑结构的卫生设计密切相关的，换句话说，食品厂建筑结构的卫生设计将直接影响人类的健康，而食品厂建筑结构的卫生设计又包括很多方面，比如设计建立良好的食品加工环境和选择适当的食品加工设备。因此选择良好的食品加工环境和设备是筹建食品加工厂必须要考虑的问题之一。

豆制品加工厂环境包括豆制品加工厂的厂房外围环境和食品车间环境，也就是厂址选择必须合适，食品车间内必须卫生。良好的食品加工设备主要是指用于加工豆制品的设备不易腐蚀，死角易于清洗等。对这些问题的全面讨论应属于豆制品加工厂卫生设计的内容。下面是工厂设计与设施的要求。

第一节　豆制品加工厂的选址

一、厂址选择的重要性

厂址的选择是指对建设项目进行布点选择和进一步进行具体位置的选择。所谓布点选择就是按工程的重要程度、审批权限在某一行政区域内，根据项目的特点和要求，经过系统全面了解后，对提出的若干可供建厂的地点方案进行筛选对比，从中确定一个较适合的地点。

厂址选择则是在大范围就设厂地点圈定后，在相对较小的范围内，通过更加深入细致的调查论证，从若干可供选择的具体厂址方案中挑选出最终的决策方案。

食品工业生产的布局，涉及一个地区的长远规划。一个食品工厂的建设，与当地资源、交通运输、农业发展都有密切关系。食品工厂的厂址选择是否得当，不但与投资费用、基建进度、配套设施完善程度及投产后能否正常生产有关，而且与食品企业的生产环境、生产条件和生产卫生关系密切，因此是一件非常重要的大事。按 GMP 规范建设的食品工厂，对环境的要求显得更为重要。由于不同地区不同工业环境和"三废"治理水平不等，其周围的土壤、大气和水资源受污染程度不同，因此，在选择厂址时，既要考虑来自外环境的有毒有害因素对工厂感染，又要避免生产过程中产生的废气、废水和噪声对周围环境及居民的不良影响。

二、厂址选择的原则

厂址选择，即建厂地理位置的合理选定。厂址选择一般包含地点和场地选择两个概念。所谓地点选择就是对所建厂在某地区内的方位（即地理坐标）及其所处的自然环境状况，进行勘测调查、对比分析。所谓场地选择，就是对所建厂在某地点处的面积大小、场地外形及其潜藏的技术经济性，进行周密的调查、预测、对比分析，作为确定厂址的依据。

一个食品工厂的建设，对当地资源、交通运输、"三农"发展都有密切的关系。食品工厂的厂址选择是否得当，将直接影响到工厂的基建进度、投资费用、基地建设及建成投产后的生产条件和经济效果。同时，对产品质量和卫生条件，对职工的劳动环境等，都有着密切的关系。选择厂址时，应按国家方针政策，从生产条件和经济效果等方面考虑，还要考虑有机食品、绿色食品对厂址的一些特殊要求。食品工厂的厂址应设在当地的规划区或开发区内，以适应当地远近期规划的统一布局，尽量不占或少占良田，做到节约用地，所需土地可按基建要求分期分批征用。分别叙述如下。

1. 考虑生产条件进行厂址选择

(1) 一般食品工厂的厂址选择

① 根据我国具体情况，食品工厂一般倾向于设在原料产地附近的大中城市的郊区，个别产品为有利于销售也可设在市区。这不仅可获得足够数量和质量新鲜的原料，并且有利于加强工厂对原料基地生产的指导和联系，便于组织辅助材料和包装材料，有利于产品的销售，同时还可以减少运输费用。

② 厂区的标高应高于当地历史最高洪水位，特别是主厂房及仓库的标高更应高出当地历史最高洪水位。

③ 所选厂址，要有可靠的地质条件，应避免将工厂设在流沙、淤泥、土崩断裂层上。对特殊地质如溶洞、湿陷性黄土、孔性土等应尽量避免。在山坡上建厂要避免滑

坡、塌方等。在矿藏地区的地表处不应建厂。厂址应有一定的地耐力。建筑冷库的地方，地下水位不能过高。

④ 所选厂址附近应有良好的卫生环境，没有有害气体、放射性源、粉尘和其他扩散性的污染源（包括污水、传染病医院等），特别是在上风向地区的工矿企业，更要注意它们对食品工厂生产有无危害。厂址不应选在受污染河流的下游。还应尽量避免在古墓、文物、风景区和机场附近建厂，并避免高压线、国防专用线穿越厂区。

⑤ 所选厂址面积的大小，应在满足生产要求的基础上，留有适当的空余场地，以考虑工厂进一步发展之用。

(2) 绿色食品加工企业的厂址选择

① 绿色食品加工企业的场地其周围不得有废气、污水等污染源，一般要求厂址与公路、铁路有 300m 以上的距离，并要远离重工业区，如在重工业区内选址，要根据污染情况，设 500～1000m 的防护林带；如在居民区选址，25m 内不得有排放烟（灰）尘和有害气体的企业，50m 内不得有垃圾堆或露天厕所，500m 不得有传染病院；厂址还应根据常年主导风向，选在有污染源的上风向，或选在居民区、饮用水水源的下风向。

② 特别是会排放大量污水、污物的屠宰厂、肉食品加工厂等，要注意远离居民区和风向位置的选择。对绿色食品加工企业本身，其"三废"应得到完全的净化处理。总之，绿色食品对其加工过程的周围环境有较高的要求。

2. 考虑投资和经济效果进行厂址选择

（1）所选厂址应有较方便的运输条件（公路、铁路及水路）。若需要新建公路或专用铁路时，应选最短距离为好，这样可减少投资。

（2）有一定的供电条件，以满足生产需要。在供电距离和容量上应得到供电部门的保证。

（3）所选厂址附近不仅要有充足的水源，而且水质也应较好（水质起码必须符合饮用水质标准）。在城市一般采用自来水，均能符合饮用水标准。若采用江、河、湖水，则需加以处理；若要采用地下水，则需向当地了解，是否允许开凿深井，必须注意水质，是否符合饮用水要求。水源、水质是食品工厂选择厂址的重要条件，特别是饮料厂和酿造厂，对水质要求更高。厂内排除废渣，应就近处理；废水应经处理后，在一定的排放口排放。若能利用废渣、废水作饲料或肥料就更好。

第二节　豆制品加工厂的设计

一、总平面设计的具体要求

1. 建筑物的组成及关系

（1）建筑物组成　根据建筑物使用功能将食品工厂建筑物可分为以下 3 大类。第一类：生产车间，如原料分类处理车间、功能性食品车间、榨油车间、速溶粉车间、饮料车间、综合利用车间等。第二类：辅助车间，如生产中心实验室、产品化验室、机修车间等。第三类：动力部门变电所、锅炉房等。

(2) 建筑物相互之间的关系 生产车间是食品工厂的主体建筑物，一般把生产车间布置在中心位置，其他车间、部门及公共设施都围绕主体车间进行排布。

2. 食品工厂建筑物的布置

建筑物布置应严格符合食品卫生要求和现行国家规程、规范、规定。各有关建筑物应相互衔接，并符合运输线路及管线短捷、节约能源等原则。生产区的相关车间及仓库可组成联合厂房，也可形成各自独立的建筑物。

二、豆制品工厂总平面设计

豆制品工厂总体规划与设计是根据工厂建筑群的组成内容及使用功能要求，结合厂址条件及有关技术要求，协调研究建筑物、构筑物及各项设施之间空间和平面的相互关系，正确处理建筑物、交通运输、管路管线、绿化区域等布置问题，充分利用地形，节约场地，使所建工厂形成布局合理、协调一致、生产井然有序，并与四周建筑群相互协调的有机整体。

1. 总平面设计的基本原则

第一，总平面设计应按批准可行性研究报告进行，总平面布置应做到紧凑、合理。

第二，建筑物的布置必须符合生产工艺要求，保证生产过程的连续性。互相联系比较密切的车间、仓库，应尽量考虑组合厂房，既有分隔又缩短物流线路，避免往返交叉，合理组织人流和货流。

第三，建筑物的布置必须符合城市规划要求和结合地形、地质、水文、气象等自然条件。有大量烟尘及有害气体排出的车间，应布置在厂边缘及厂区常年下风方向。在满足生产作业的要求下，根据生产性质、动力供应、货运周转、卫生、防火等分区布置。

第四，建筑物之间的距离，应满足生产、防火、卫生、防震、防尘、噪声、日照、通风等条件的要求，并使建筑物之间距离最小。

第五，食品工厂卫生要求较高，生产车间要注意朝向，保证通风良好；生产厂房要离公路有一定距离，通常考虑50m以外，并且中间设有绿化隔离地带。

第六，厂区道路一般采用混凝土路面。厂区尽可能采用环行道，运煤、出灰不穿越生产区。厂区应注意合理绿化，不得露出土地。

第七，合理地确定建筑物、构筑物的标高，尽可能减少土石方工程量，并应保证厂区场地排水畅通。

第八，动力供应设施应靠近负荷中心。此外，总平面布置应考虑、工厂扩建的可能性，留有适当的发展余地。

2. 土建工程

厂区建筑物的设计依据国标建设规范：《公共建筑

节能设计标准》（GB 50189—2015）、《建筑设计防火规范》（GB 50016—2014），主要建筑物的建筑设计包括建筑物生产类别丙类；建筑耐火等级一、二级；建筑屋面防水等级Ⅱ级；设计使用年限为50年。

3. 生产车间建筑物平面设计

（1）生产车间　主要布置值班室、更衣、消毒、风淋、包装、化验、浸泡、制坯、烘烤、卤制、杀菌、配料、摊晾、整切等操作空间。

（2）生产车间排水　生产车间的地面使用平整、无缝隙、不渗水、不吸水、无毒、防滑耐磨的便于消毒和清洁的非金属耐磨地面，应有适当坡度，在地面最低点设置地漏，以保证不积水。其他厂房也要根据卫生要求进行。屋面排水采用双坡外排水系统。

（3）生产车间装修要求

①屋顶和天花板选用不吸水、表面光洁、耐腐蚀、耐温、浅色材料装修，有适当的坡度，在结构上减少凝结水滴落，防止虫害和霉菌滋生，以便于洗刷、消毒。

②墙壁与墙壁之间、墙壁与天花板之间、墙壁与地面之间的连接应有适当弧度；生产车间墙壁要用浅色、不吸水、不渗水、无毒材料覆涂，并用白瓷砖或其他防腐蚀材料装修高度不低于1.6m的墙裙。墙壁表面应平整光滑，其四壁和地面交界面呈慢弯形，防止污垢积存，并便于清洗。

③门、窗、气窗、天窗要严密不变形，为便于卫

生防护设施的设置，安装能两面开的防护门。

④ 建筑物及各项设施应根据生产工艺卫生要求和原材料储存等特点，相应设置有效的防鼠、防蚊蝇、防尘、防飞鸟、防昆虫的设施，防止受其危害和污染。车间内的门、窗应有防蚊蝇、防尘设施，纱门应便于拆下洗刷。

4. 生产车间卫生设计

豆制品加工车间是用来加工制作豆制品的厂房，它是直接与豆制品接触的。豆制品加工车间卫生与否，直接关系到食品的卫生。加工车间卫生要求除与库房相同外，还应具备卫生设施及合理的布局。

第一，合理布局。豆制品加工厂要合理布局，划分生产区和生活区；生产区应在生活区的下风向。

第二，衔接要合理。建筑物、设备布局与工艺流程三者衔接要合理，建筑结构完善，并能满足生产工艺和质量卫生要求；原料与半成品和成品、生原料与熟食品均应杜绝交叉污染。豆制品加工厂的库房包括原料和成品库房。库房地面应高于外面地面，并有防止水从地下渗进的措施。屋顶应防漏。库房大小要合适，不同原料和在制品、成品间要相互隔开，以免相互污染。有污染的原料库应该离加工车间远些，而无污染的原料库、成品库应尽量离加工车间近些，避免长距离运输过程中受到污染。库房应有防鼠、防虫、防鸟等措施。库内通风要良好，以防库房内的温湿度偏高而引起食品原料霉变，必要时应装排湿机。建筑物和设备布置还应考虑生产工艺对温、湿度和其他工艺参数的要求，防止毗邻车间受到干扰。

第三，厂区道路应通畅厂区道路应便于机动车通行，有条件的应修环行路，且便于消防车辆到达各车间。厂区道路应防止积水及尘土飞扬，采用便于清洗的混凝土、沥青及其他硬质材料铺设。厂房之间，厂房与外缘公路或道路应保持一定距离，中间设绿化带。厂区内各车间的裸露地面应进行绿化。

第四，污物存放加工后的废弃物存放应远离生产车间，且不得位于生产车间上风向。存放设施应密闭或带盖，要便于清洗、消毒。排烟除尘装置应设置在主导风向的下风向。季节性生产厂应设置在季节风向的下风向。实验动物待加工禽畜饲养厂区应与生产车间保持一定距离，且不得位于主导风向的上风向。

5. 生产车间布局内容及要求

（1）布局内容　生产车间布局就是规定工艺路线确定工序划分安排各种设备的位置。车间的组成部分决定于车间的生产性质和生产规模。一般车间由6个部分组成。

①生产部分　如豆制品生产从原料到成品阶段。

②辅助部分　液压机房、空压机房、水冷却系统、煤灶间等。

③仓库部分　原料库、辅料库、半成品库、成品

库、工具库。

④通道部分　运送通道、人员通道、参观通道、紧急通道、防火通道。

⑤车间管理部分　办公室、资料室、检化验室。

⑥生活部分　更衣室、休息室、浴室、卫生间。

（2）布局要求　生产车间的组织形式一般有两种不同的专业化形式即工艺专业化、对象专业化。以工艺特点、性质划分车间的工段在工艺专业化的生产单位里，集中同种类型的工艺设备进行相同的工艺加工。在豆制品生产中，从原料到煮浆，比较适于工艺专业化的形式；而制作豆腐的生产流水线和豆制品的精加工过程又比较适用对象专业化，即在对象专业化的生产单位里集中配置为制造某种产品所需要的各种设备。两种方式在一个生产车间内布局需要非常巧妙地结合车间布局必须符合3个基本要求。

①生产过程的连续性　生产过程各阶段、各工序之间的流动，在时间上是紧密衔接的、连续的，不能出现不必要的停顿和等待。

②生产过程的协调性　生产过程各阶段、各工序之间生产能力上要保持适当的比例关系。生产中不能出现某工序物料的长时间存放，特别是豆制品生产，中间物料的长时间停顿会严重影响产品质量。

③生产过程的节奏性　生产过程中不能出现时松时紧、忽快忽慢、前松后紧的现象，要能稳定地、均衡地进行生产。

这些要求落实到车间布局上，需要做大量的准备工作和分析研究工作，有些还要进行调研和试验。这些工作都是必须做的，它关系到生产水平高低，也关系到企业今后的整体经济效益。

三、豆制品工厂设备的选型和配套

1. 设备选择的原则

设备选择基本条件包括三点：一能够达到工艺要求，二能满足生产能力要求，三要考虑生产特点。根据豆制品行业的特点，确定以下几点作为基本原则。

(1) 选择新设备 建造豆制品车间，主要目的是扩大生产，提高生产能力的主要办法是更新生产设备。豆制品行业和其他行业一样要不断地进行设备更新，各地、各厂都有不少革新改造，如果能取各厂之长，就能够提高设备水平。另外，还要善于引用其他行业的先进技术，并进行改进，可以少走弯路，加快设备改造的步伐。

(2) 双机并运 车间的生产设备要采用双套设备并肩运转。这是因为豆制品生产的季节性很强，冬季产量大，夏季产量小，如果安排一套设备，冬季夏季全用这一套，夏季产量小时会造成大马拉小车，浪费很大。而采用双机并运，就能克服这一缺点。冬季大生产季节，两套设备同时运行。从检修角度看，双机并运会更为方便。所以在选择生产设备时，采用双机并运是很有必要的。

(3) 机器前后配套　要搞一套流水线，必须考虑前后机器的配套，如果不匹配就会造成生产中的不平衡，出现多次的临时停工。而临时停工次数越多，越不利于掌握生产中各环节的加水量，豆浆浓度会不稳定，从而给产品质量带来很大的影响，也给操作人员带来很多的麻烦。前后设备不匹配还会影响整个设备生产能力的发挥，所以选择每个环节的生产设备，都要根据设计产量，详细地计算每个环节的流量和所需要设备的生产能力。在过滤煮浆之前还要有一定的贮存罐，以保证整个流水线在生产中尽量减少临时停工，保证生产的连续性，提高产品质量。

(4) 防腐材料的选择　在整个生产过程中都离不开水，加上豆浆水的酸性，对设备、容器、管道的腐蚀性很大。一般铁板、铁管容器几年就锈坏了，特别是管道内生锈加上积存浆液，非常容易腐蚀变质，影响产品卫生。为此，从食品卫生角度和设备使用率方面考虑，都应采用比较好的材质。虽然开始造价较高，但从长远看，还是合适的；从食品卫生、文明生产上讲是非常必要的。

(5) 防止噪声和震动　应非常重视车间的环境保护，要有防止噪声和震动的措施。生产车间的噪声主要有几个方面：原料处理、磨浆和分离、煮浆。这几个环节的设备选择都要考虑噪声问题。例如原料处理要与大车间隔开；筛选间内要做消声、吸尘、防震处理；在选择输送设备时最好不用风送，因为风送噪声较大；磨浆设备最好选择砂轮磨，噪声小震动小，不要选择石磨或小钢磨；过滤设备消除噪声和震动，要在制作离心机时，做好转子的静平衡。在使用中进料要均匀，使其保持良好的动平衡，噪声和震动自然会减小；煮浆过程最好不用敞开煮浆锅，而选择溢流煮浆设备，降低煮沸气压，煮浆设备外套保温兼减震设备。

总之，在设备的选择、制作、安装中，都要考虑到公害问题的消除和防治，为劳动者创造一个良好的生产环境。

2. 设备选型计算

食品工业行业很多，设备类型也很多。因此设备选型的具体计算，可参考专门设计手册。这里只介绍设备选型计算的计算步骤以及应注意的问题。

（1）根据班产规模和物料衡算计算出各工段、各过程的物流量（kg/h 或 L/h）、贮存容量（L 或 m^3）、传热量（kJ/h）、蒸发量（kg/h）等，以此作为设备选型计算的依据。

（2）按计算的物流量等，根据所选用的设备的生产能力、生产富余量等来计算设备台数、容量、传热面积等。最后确定设备的型号、规格、生产能力、台数、功率等。在进行设备选型和计算时必须注意到设备的最大生产能力和设备最经济、最合理的生产能力的分别。在生产上是希望设备发挥最大的生产能力；但从设备的安全运转角度来看，如果设备长期都以最大的负荷（生产能力）运转，则是不合理的。因为设备都有一个最佳的运转速度范围。在这一范围内设备耗能最省、设备的使用寿命最长。因此在进行设备选型计算时，不能以设备的最大生产能力作依据而应取其最佳的生产能力。在一般设备的产品样本、目录、广告或铭牌上会标明设备的最大生产能力。另一要重视的是台机生产能力与台数的选择、搭配，既要考虑连续生产的需要，也要考虑突发事故（如停电、水、汽等）发生时，或变更生产品种时（多品种生产）的可操作性需要，才能充分发挥设备的作用，节省投资，保证生产。食品工厂有些加工设备的生产能力随物料、产品品种、生产工艺条件等而改变，例如流槽、输送带、杀菌锅等。其生产能力的计算，可以参考有关资料进行计算。

第三节　豆制品原料及产品质量标准

一、原料标准

1. 大豆的分类

（1）按种皮颜色和粒形分类　大豆按其种皮的颜色和粒形可分为黄大豆、青大豆、黑大豆、其他色大豆。

其中，黄大豆约占大豆总量的90%以上。在我国，以纯粮率为大豆主要划等指标，共分为五等。

黄大豆种皮为黄色，按豆粒形又分东北黄大豆和一般黄大豆两类；青大豆种皮为青色，包括青皮青仁大豆和青皮黄仁大豆；黑大豆种皮为黑色，包括黑皮青仁大豆和黑皮黄仁大豆；其他色大豆种皮为褐色、棕色、赤色等单一颜色大豆。

(2) 按生育成熟期分类 按这种方法可将大豆分为极早熟大豆、早熟大豆、中熟大豆和晚熟大豆。

极早熟大豆生育期（出苗至成熟的天数）在110天以内；早熟大豆生育期为111～120天；中熟大豆生育期为121～130天；晚熟大豆生育期为131～140天。

(3) 按是否基因转化分类 分为普通大豆和转基因大豆。普通大豆是指每年从种植的大豆中选出粒大饱满的子粒作为来年大豆的种子；转基因大豆是通过基因工程，是大豆基因转变或变化，使其中的某种成分增加或减少的大豆。转基因大豆在美国种植面积最广。转基因大豆可以按食品加工者的特殊要求进行培育，如高蛋白大豆、低饱和脂肪大豆、无脂肪氧合酶大豆、低亚麻酸大豆等。

2. 大豆的贮藏

(1) 贮藏特性

① 时间 刚刚收获的大豆子粒，一般都还没有完全成熟。不仅油含量、蛋白含量比完全成熟的种子要

低，而且所得产品质量也差，加工性能较差。如用刚刚收获的大豆加工豆腐，不仅出品率低，而且豆腐的"筋道性"较差。经过一定时间的贮藏，大豆子粒会进一步成熟，这一过程叫作"后熟"。大豆的后熟时间并不长，市场上流通的大豆多已完成后熟过程。

② 原理 有生命的大豆子粒会不断地吸收氧气，排出二氧化碳和水分，并产生热量。呼吸作用会消耗大量的有用成分，如碳水化合物、脂肪。水分的增加和温度的升高，使大豆易发生霉变，所以在贮藏和流通过程中应尽可能采用适当的方法控制大豆子粒的呼吸作用。一般来说，大豆子粒的含水量升高，呼吸强度增大；反之，呼吸强度减小。不过大豆子粒的含水量对其呼吸强度的影响并不是直线相关关系，而是有一个转折点，转折点的水分含量叫作临界水分。当大豆子粒的含水量增加到临界水分时，其呼吸强度会突然急剧增加。一般大豆的临界水分为 14% 左右。另外，温度也对呼吸强度有很大的影响。温度升高，呼吸作用也会增强。当贮藏温度达 30℃ 以上时，大豆的呼吸强度会出现急剧增加。而在温度较低的条件下（0~10℃），即使大豆含水量较高（接近临界水分）也会取得良好的贮藏效果。在常温下，大豆的安全贮藏水分为 11%~13%。不过，也并不是越干越好，因为过度干燥也有可能会引起石豆的产生。

（2）贮藏方法

① 干燥贮藏 此法是通过干燥降低大豆水分，达

到安全贮藏的目的。干燥的方法可采用日晒或人工烘干。日晒法简单易行，但劳动强度大，也常受气候条件的制约，但这种方法经济实用，适合于小厂。人工烘干，可采用热风干燥机、滚筒式干燥机或远红外干燥机等。人工干燥效果好、效率高，不受天气影响，但投资大，成本高。

② 低温贮藏　低温能降低种子呼吸强度，抑制微生物及害虫的繁殖侵蚀。一般 10℃ 以下，害虫及微生物基本停止繁殖，0℃ 以下，能使害虫冻死。冬季低温贮藏，可通过自然通风降温来实现。夏季降温则需制冷设备，并在仓库内设置隔热墙，此法成本较高。

③ 通风贮藏　保持大豆仓库内的良好通风，使干燥空气流通，以便减少水分和降低温度，防止局部发热、霉变。通风的方法可采取自然通风或机械通风两种。一般仓库可将干燥贮藏和通风贮藏结合应用。

④ 密闭贮藏　密闭贮藏就是贮藏室与外界隔绝的贮藏方法。在密闭条件下，由于缺氧，大豆的呼吸受到抑制，同时也抑制了害虫及微生物的繁殖。密闭贮藏有全仓密闭和单包装密闭两种，全仓密闭对建筑要求高，成本高，单包装密闭可采用塑料薄膜包装。

⑤ 化学贮藏　化学贮藏法就是在大豆贮藏前或贮藏过程中，使用化学药品，钝化酶及杀死害虫和微生物，这种方法应注意杀虫剂的污染问题。在实际生产中，上述方法常常配合应用，尽量做到安全、有效、经济。

3. 优质原料大豆的选择与利用

在实际生产中生产豆制品的主要原料为大豆，应满足以下标准。

① 大豆原料应符合 GB 2715—2016《食品安全国家标准 粮食》和 GB 1352—2009《大豆》的要求。

② 要求是新鲜、无霉变、非转基因大豆，符合食用标准。

③ 感官要求 经选种器筛选 4mm 以上的大豆，应选取脐色淡、粒大皮薄、子粒饱满、表皮无皱、有光泽、无虫蛀的新大豆，把大豆开成两瓣后，豆肉有黄豆特有的浅黄色，不能有褐色或其他异常颜色具有大豆固有的综合色泽、气味。另外，要求品种的蛋白质含量高（尤其是水溶性蛋白组分），蛋白抽提率、凝固率高，蛋白组分 11S 比例高。

二、产品质量标准

这里以豆腐为例。按所使用凝固剂的不同，把豆腐分为北豆腐、南豆腐和内酯豆腐。以豆腐为原料再进行深加工的产品还有调味豆腐、冷冻豆腐和脱水豆腐。下面列举了豆腐的一些质量标准。

1. 感官指标

具有该类产品特有的颜色、香气、味道，无异味，无可见外来杂质，无霉变。

2. 理化标准

砷≤0.5mg/kg，铅≤1.0mg/kg。食品添加剂按 GB 2760—2014《食品安全国家标准食品添加剂使用标准》规定使用。

3. 微生物指标

菌落总数≤750CFU/g，大肠菌群≤40MPN/100g，致病菌不得检出。

第三章

豆腐生产

第一节　豆腐生产概述

一、豆腐胶凝基本原理

传统大豆制品豆腐、豆腐干等都属高度水化的大豆蛋白质凝胶，其制作工艺实质是提取大豆蛋白并制成不同性质的蛋白质凝胶的过程。大豆蛋白质存于大豆子叶的蛋白体，蛋白体有一层由纤维素、半纤维素及果胶质等组成的较坚固的膜，做豆腐要用水浸泡大豆，使这层膜和其他蛋白质组织一起吸水溶胀，变软，经研磨分散于水，形成相对稳定的蛋白质溶胶——生豆浆。生豆浆中胶粒（$1\sim100\,nm$）为蛋白质分子集合体，蛋白质分子的疏水基团向胶粒内部，亲水基团向胶粒表面。亲水基团的氧原子和氮原子有未共用电子对，能吸引水分子的氢形成氢键，结果使水分子把胶粒包围起来构成水化膜，同时胶粒表面的亲水基团会因电离而静电吸引水化离子形成静电吸附层，致使在胶粒表面构成双电层。在水化膜和双电层的保护下，胶粒难以聚集，致使生豆浆处于一种亚稳定状态。加热生豆浆可提高体系内能，蛋白质分子某些基团的振动频率与振幅加大，多肽链伸展，同时分子间的疏水基和巯基形成分子间的疏水键和二硫键，使胶粒间发生一定程度的聚结。随着聚结的进行，蛋白质胶粒表面静电荷密度及亲水基增加，加之豆浆中蛋白质浓度较低等原因，胶粒之间的继续聚结受限，因而形成一种新的相对稳定的前凝胶体系——熟豆浆。宏观上看，生、熟豆浆没区别，但它们的蛋白质分子是不同的：前者为未变性蛋白质，相对分子质量小于60万；后者为分子结构已发生变化的变性蛋白质，相对分子质量可达800万以上。

此外，大豆蛋白质在形成前凝胶过程中可与少量脂肪结合，形成能使豆浆产生香气的脂蛋白。脂蛋白的形成随着煮沸时间延长而增加。熟豆浆为半成品，可供饮用。向熟豆浆加入卤水或石膏等电解质凝固剂，使大豆蛋白质溶胶变为凝胶的胶凝过程，称点浆或点脑。电解质能促进蛋白质变性，同时 Mg^{2+} 和 Ca^{2+} 能破坏蛋白质胶粒的水化膜和双电层，使蛋白质胶粒聚结，且通过形成—Mg—或—Ca—桥将蛋白质分子相互连接，成为立体网状结构并把水包在网络中形成豆腐脑。豆腐脑形成得比较快，刚形成豆腐脑凝胶网络结构不稳定，也不完整，需要在保温和静止条件下放一段时间使结构完善和巩固，即蹲脑。这是凝胶网络形成的第二阶段。将经过蹲脑强化的凝胶，适当加压，排出一定量的自由水，就可得到有一定形状、弹性、度和保水性的凝胶体——豆腐。

这种蛋白质的胶凝作用和一般使蛋白质溶胶分散性

降低的沉淀、絮凝等不同。沉淀只是因蛋白质溶解性降低所引起的聚集。絮凝是蛋白质未发生变性时的无规则聚集，这常是因分子链间的静电排斥减弱造成的。变性蛋白质分子聚集并形成有序蛋白质网络结构的过程称为胶凝。

二、豆腐点浆剂的种类

我国豆腐种类主要有南豆腐、北豆腐、内酯豆腐。其中，南豆腐和北豆腐在风味上有一定的差别，主要原因在于点浆剂不同。南豆腐一般使用石膏作凝固剂，制作出的豆腐比较嫩，含水多，稍有甜味。北豆腐使用盐卤作凝固剂，制作出的豆腐比较硬，含水较少，有香味。内酯豆腐使用葡萄糖酸内酯作凝固剂，制作出的豆腐比较嫩，口味平淡且略带酸味。

三、豆腐点浆主要事项

1. 北豆腐点浆

北豆腐用盐卤作凝固剂。点浆前将温度为 $92\sim$ $97℃$ 的豆浆降温至 $80℃$ 左右。盐卤用量一般为原料大豆干重的 $3.5\%\sim4.5\%$。盐卤首先用 4 倍的水溶解。点浆时，要先用不锈钢勺或铜勺上下搅拌豆浆，使豆浆从锅底向上翻滚。然后一边加盐卤一边搅拌，搅拌和加卤要先快后慢。当出现 50％ 的豆腐花时，搅拌要缓慢，盐卤流量要减小；当出现 80％ 的豆腐花时，停止搅拌和加卤。注意搅拌方向要一致，不能向相反方向搅拌。

2. 南豆腐点浆

豆浆的浓度要高于制作北豆腐的豆浆，一般为 1kg 大豆原料加入 6～8kg 水，而北豆腐为 1kg 大豆原料加入 10kg 水；豆浆细度高于北豆腐，一般用 140～150 目的包布过滤。点脑用的凝固剂为 8％ 的石膏，使用时先将生石膏研磨成细粉与水混合，多采用一次加入的冲浆法，用量为干豆原料的 2.5％ 左右。

3. 内酯豆腐的点浆

煮浆时豆浆浓度大，为防止煳锅和起沫，先在锅内放入少量食用油和盐。开锅后，煮 2～3 分钟，要用瓢扬浆，以防止炸锅、溢锅，此时不要放凉水。然后将烧熟的豆浆迅速盛放在不锈钢桶内，放在容易凉的地方或凉水中，降温至 30℃ 为止。加葡萄糖内酯凝固。每 0.5 千克大豆用葡萄糖酸-δ-内酯 5～8 克的剂量，将其先溶于适量水中后，迅速将其加入豆浆中，并用勺子搅拌均匀。再将半凝固的豆浆倒入不锈钢容器或特制的塑料食品袋里，用蒸汽或蒸笼隔水加热 25 分钟左右，温度控制在 80～90℃，切勿超过 90℃。然后再次冷却，随着温度的降低，豆浆即可形成细嫩、洁白的内酯豆腐。

第二节　豆清豆腐

豆清豆腐，是以豆清发酵液为凝固剂生产豆腐的方法。以豆清发酵液为凝固剂，按照熟浆工艺生产的豆腐结构致密、持水性和弹性好，具有豆清发酵液特殊的风味。此方法起源于湖南省邵阳地区，自 20 世纪 80 年代开始向外传播，现在重庆、内蒙古、河南等地也逐渐使用。豆清发酵液点浆工艺实现了豆清液的有效利用，大大减少了废水的排放，做到清洁生产、绿色生产，实现了生态循环，并且最终产品 pH 值相对低，一定程度上抑制了菌落总数。

一、生产工艺流程

1. 工艺流程

大豆→预处理→浸泡→去杂→制浆→浆渣分离→点浆→破脑→压榨制坯→切块→成品

2. 制浆和点浆工艺

制浆为二次浆渣共熟制浆工艺（图 3-1）。点浆为豆清发酵液点浆工艺（图 3-2）。

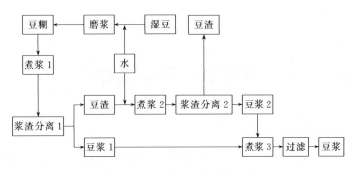

图 3-1　二次浆渣共熟制浆工艺

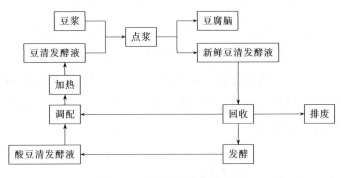

图 3-2　豆清发酵液点浆工艺

二、主要生产设备

1. 浸泡设备

（1）浸泡工艺流程　浸泡工艺流程立面示意图如图 3-3 所示。

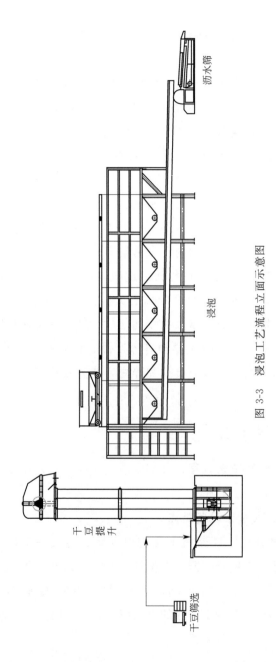

干豆筛选

干豆提升

浸泡

沥水筛

图 3-3　浸泡工艺流程立面示意图

（2）浸泡设备的特点 浸泡装置中使用斗式提升机垂直提升，优点是提升能力大、能耗低、维护简便。干豆分配小车的容积与泡豆桶的生产能力相等，可减少小车来回推拉次数，提高效率。泡豆桶是采用大斜锥体侧面卸豆形式，这种泡豆桶在放豆时流动性好，节约用水。底部配备有曝气式装置，可在浸泡时翻动清洗黄豆，并使浸泡时各处温度均匀。可实现自动进水、排水，并设置报警系统，可在断电、缺水、故障等情况下自动报警。去杂淌槽采用 V 形结构，提高大豆的流动性，节约冲豆用水。槽内设有密集横向间隔且加装强效磁铁的去杂坑。当水和大豆经过时，由于旋水分离作用，局部涡旋将相对密度和离心力较大的石豆、砂石、铁块沉入坑内，而合格大豆顺利通过；这样既可保护磨浆机砂轮片，又可防止异物进入产品，保障食品安全。双层沥水筛能有效分离石豆和碎豆，能有效提高大豆原料利用率。

2. 制浆设备

（1）制浆工艺流程 二次浆渣共熟制浆工艺流程立面示意图如图 3-4 所示。

（2）二次煮浆设备特点

① 磨浆机 磨浆机上装有保证水、豆按一定比例添加的湿豆定量分配器，准确加入水、豆，减少了人为因素对豆汁浓度的影响，豆浆浓度控制偏差小于±0.25°Brix，为后道工序的点浆奠定了良好的基础。整

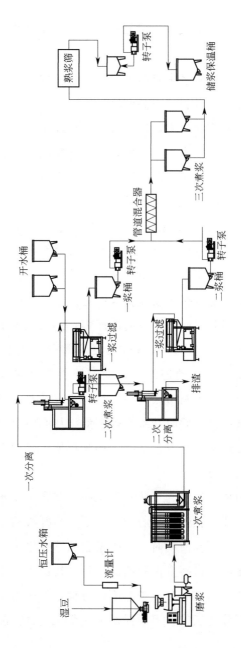

图 3-4 二次浆渣共熟制浆工艺流程立面示意图

个磨浆工序的各种容器容积都较小，物料在容器内存量很少，维持系统的动态平衡，减少豆浆在空气中的暴露时间，即减少了豆浆中脂肪氧化酶的反应程度和被微生物感染的概率，有利于提高产品品质。容积泵的添加和使用减少了泡沫的产生，这样就不用在此工序中添加消泡剂，降低了生产成本。此外，加装飞轮装置，起到动平衡检测作用；低速磨制，豆糊温升小，减少了大豆蛋白提前变性程度，提高了出品率。

② 熟浆挤压分离系统　此工艺在生产设备上的独特之处是两次煮浆后均经过熟浆挤压分离系统处理。立式挤压机是熟浆挤压分离系统的核心装置。豆糊泵入圆锥体挤压室，螺旋挤压绞龙将含渣豆浆逐渐推向挤压室底部的同时不断提高水平方向的压力，迫使豆糊中的豆浆挤出筛网，经管道流入高目数滚筛得到生产用豆浆。挤压机的动作是自动连续的，随着原料不断泵入挤压室，前缘压力的不断增大，当达到一定程度时，将会突破卸料口抗压值，此时纤维素等不溶物从卸料口进入豆渣桶中，实现浆渣分离。在我国的其他地区仍然采用离心机进行浆渣分离。

较高的离心速度为了防止熟浆中一些吸水膨胀的纤维素堵塞筛孔。在强大离心力作用下，当纤维素分子的横截面积小于筛孔面积时，纤维素会从筛孔甩出进入到豆浆中，使产品口感变得粗糙。另外，挤压工艺不会出现明显泡沫，而离心分离工艺不可避免会产生泡沫。采用熟浆挤压分离工艺，不但保留了熟浆工艺优良的产品品质和口感，也弥补了熟浆工艺得率不高的缺点。还存在两个优点，减少了豆渣含水量和蛋白质残留量，为豆渣综合利用创造了有利的基础条件。

③ 微压密闭煮浆系统　微压密闭煮浆系统是利用密闭罐加热豆浆的系统。首先，当豆浆泵入密闭罐时，排气孔打开，在常压下加热豆浆。随着豆浆温度上升，煮浆温度由温度传感器测定，煮至设定温度后，指示电气元件做出打开放浆阀门和关闭排气阀门动作，使罐内形成密封高压的状态，把豆浆全部压送出去，然后停止冲入蒸汽，完成一次煮浆。按照此过程，通过多次煮浆，增加了纤维素的胀润度，使纤维素分子体积增大，减少进入豆浆中的粗纤维含量，使豆腐口感爽滑细腻；同时促进了多糖的洗出，增加豆腐中亲水物质的含量，有利于豆腐保持高水分。亲水物质在受到凝固剂作用时，可作为蛋白质分子的空间障碍，有效防止大豆蛋白分子的聚集，减少了豆腐中小孔洞的出现，保证豆腐的嫩度。

④ 往复式熟浆筛　往复式熟浆筛利用偏心结构带动平筛在轨道上运动，平筛下面是自带的储浆池，通过浆筛的细豆渣靠惯性自动排列到设备端口处的漏斗口，一般用高目数筛网可将粗纤维进一步过滤，使熟浆中粗纤维达到最少化。

3. 点浆设备

（1）点浆工艺流程　豆清发酵液点浆工艺流程立面示意图见图 3-5。

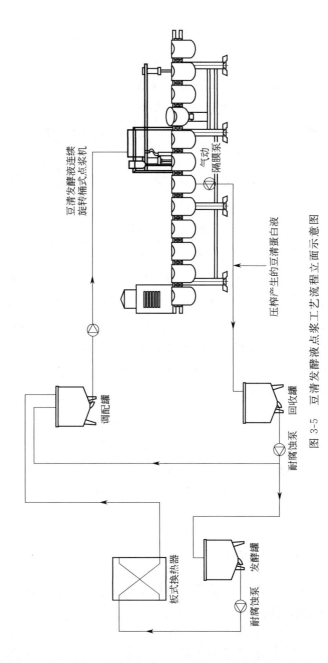

豆清发酵液连续旋转桶式点浆机

气动隔膜泵

压榨产生的豆清蛋白液

调配罐

回收罐

耐腐蚀泵

板式换热器

发酵罐

耐腐蚀泵

图 3-5　豆清发酵液点浆工艺流程立面示意图

(2)点浆设备特点

① 连续旋转桶式点浆机　实现自动连续生产，有多个容积120L的浆桶循环点浆，配套豆清发酵液点浆工艺，配置放浆、点浆、辅助点浆、豆清蛋白液回收、破脑、倒脑等操作机位和机械手装置。注入豆浆量、豆清发酵液的量、搅拌的速度快慢、凝固的时间、破脑程度进行设定都是由操作系统采用编程逻辑控制器控制。

② 发酵罐　此发酵罐带有聚氨酯发泡材料的保温层、加热管、万向清洗球、pH值在线监测器、测温计等装置。属于发酵罐中半自然发酵装置，它可控制发酵条件，如pH值、温度等，且具有原位清洗功能。

4. 压榨制坯系统设备

（1）压榨制坯工艺流程　压榨制坯工艺流程立面示意图见图3-6。

（2）压榨制坯系统设备俯视图　见图3-7。

（3）设备特点　连续旋转桶式点浆机在压框输送线的固定机位将豆腐脑倒入已摆好包布的压框中，运转至转盘液压机，机械手叠加几个干板豆腐脑进行自重预压，豆腐而后进入液压机，按照设定的压力和时间开始逐步对豆腐脑施加液压压力，同时液压机旋转，到达出框机位，然后泄压力，豆腐成型。压榨系统所产生的豆清蛋白液全部收集后由气动隔膜泵送入豆清蛋白液发酵系统。豆腐成型后，机械手将豆腐框依次送上压框输送线，在固定机位进行翻板、剥布等操作，豆腐则进入切

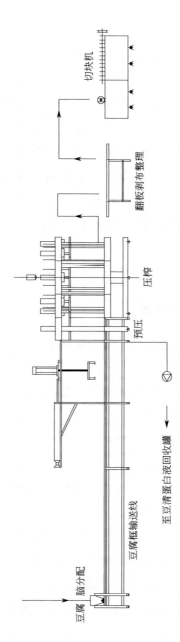

图 3-6　压榨制坯工艺流程立面示意图

切块机

翻板剥布整理

压榨

预压

至豆清蛋白液回收罐 →

豆腐框输送线

脑分配

豆腐

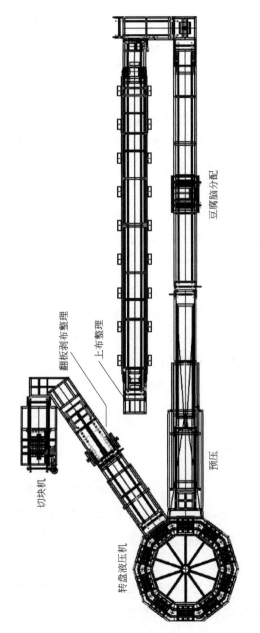

切块机

翻板剥布整理

上布整理

转盘液压机

预压

豆腐脑分配

图 3-7 压榨制坯系统设备俯视图

块机，压框由输送线运至与点浆机倒脑机位对应的位置，至此，完成一个工作循环。最后，豆腐送入切块机，完成切块后，由输送带送入干燥工序。

转盘液压机为近年来逐渐推广应用的豆腐压榨设备。利用液压原理，通过液压泵站提供液压油给液压机，压力油缸产生压力传递至豆腐，实现压榨成型的目的。由 10 个压榨机位组成，工作时，第 1 个上榨，第 10 个出榨，压榨机位公转的同时进行压榨，附加压框循环输送线实现自动化生产。多框豆腐叠加依靠自重进行预压榨可减少能耗，同时，由于豆清蛋白液从上往下流出，既起到了保温作用，也避免了豆腐出包时的粘包和表皮破损的发生。自动切块机通过光电感应装置精准下刀，电动机带动刀片在横向和纵向依次切块，得到规格尺寸均一的豆腐。该设备的运用，极大地避免了人工切块的误差，保证了产品稳定性。

三、操作要点

1. 原料预处理

大豆的收获、储藏及运输过程中可能混入草屑、泥土、砂石和金属等杂质，首先要去除杂质；大豆组织坚硬，经过浸泡吸水软化才可磨浆，所以大豆必须经过预处理才可进行加工。

清理大豆有人工清理和机械清理两种方法。无论采取哪种方法都应加装磁铁以除去细小的金属杂质，以保护磨浆机和保障食品安全。第一，人工清理。此方法适合于作坊和小规模豆腐加工厂，人工除杂后经清洗进入浸泡工序。第二，机械清理。此方法分干法和湿法两种方式。干法清理利用振动筛和密度除石机，缺点是难以除去裂豆和虫蛀豆；湿法清理是利用干豆与杂物相对密度不同、在水中所受浮力不同而导致沉降速度存在差异的原理进行分离。调研发现，采用湿法去杂方法的多，浸泡的大豆经过一段流水去杂槽可去除杂物和石豆。

2. 浸泡工艺

（1）大豆浸泡水质要求　在豆腐加工过程中，干豆的浸泡效果对大豆蛋白的抽提率和豆腐品质有重要影响。浸泡大豆所用水根据 GB 14881—2013《食品安全国家标准　食品生产通用卫生规范》中规定食品企业生产用水水质，应当符合 GB 5749—2006《生活饮用水卫生标准》要求。

磨豆前大豆要加水浸泡，使其子叶吸水软化，硬度下降，组织细胞和蛋白质膜破碎，从而使蛋白质、脂质等营养成分更易从细胞中抽提出来。大豆吸水的程度决定了磨豆时蛋白质、碳水化合物等其他营养成分的溶出率，进而影响到最终豆腐凝胶结构。同时，浸泡使大豆纤维吸水膨胀，韧性增强，磨浆破碎后仍保持较大碎片，减少细小纤维颗粒形成量，保证浆渣分离时更易分离除去。大豆品种、浸泡用水水质、浸泡用水水温、浸泡时间、豆水比等因素影响浸泡的工艺参数。张平安等认为加工出含水率较高，口感细腻，颜色白皙，且富有弹性的质量优质的豆腐，条件为浸泡温度 22℃，浸泡时间 12h，豆水比 1∶12。张亚宁认为生产豆腐时最佳浸泡处理条件为水温 25℃，浸泡 8h，pH 值 8.5。赵秋艳等研究发现适当提高水温可以缩短泡豆时间，当温度为 20～40℃时，蛋白质提取率随温度的升高而增大，在 40℃时大豆蛋白的提取率最大。李里特等研究表明用 20℃的水浸泡大豆后，在加工过程中发现其浆液中固形物和蛋白质损失较少，豆腐的凝胶结构和保水性较好。

（2）大豆浸泡水的温度和时间　调查研究表明，最佳浸泡时间判断的标准是将大豆去皮分成两瓣，以豆瓣内部表面基本呈平面，略微有塌陷，手指稍用力掐之易断，且断面已浸透无硬芯为浸泡的终点。

大豆浸泡温度不同，浸泡时间也不同。水温高，浸泡时间短；水温低，浸泡时间长。夏季因为气温高，在浸泡水中宜添加干豆质量 0.45％食用级碳酸氢钠，以防泡豆水变酸，还可以提高大豆蛋白抽提率。其中夏季水温为 30～36℃时，需要 6.0～7.5h；春秋季水温为 14～28℃时，浸泡时间为 8.0～11.5h；冬季水温为 4～12℃时，浸泡时间为 12.5～15h。

大豆浸泡后，子叶由于吸水而膨胀软化，其硬度显著降低，细胞和组织结构更易破碎，大豆蛋白等更容易从细胞中抽提出来。与此同时，泡豆使纤维素吸水、韧性增加，保证磨豆后纤维以较大的碎片存在，不会因为体积小而在浆渣分离时大量进入豆浆中，影响产品口感。浸泡时间过短，水分无法渗透至大豆中心。但浸泡时间过长，则会使一些可溶固形物流失，增加泡豆损失；长时间浸泡也导致 pH 值下降，不利于大豆蛋白溶出，甚至会因微生物繁殖而导致酸败，造成跑浆，无法形成豆腐凝胶。

（3）**豆水比**　大豆品种和产地差异导致的吸水程度也不同。

泡豆水量较少会导致大豆露出水面，导致大豆浸泡不均匀，泡豆水量太多则造成水浪费，提高了生产成本。大豆品种差异导致的吸水程度不同，豆水比值一般在 0.244 ～ 0.263 之间，取平均值得最适豆水比为 0.251，即可得到豆水比约为 1∶4。

3. 磨浆

磨浆的水质和浸泡大豆水质要求一致，应符合 GB 5749—2006 相关要求。磨浆是将浸泡适度的大豆，放入磨浆机料斗并加适量的水，使大豆组织破裂，蛋白质等营养物质溶出，得到乳白色浆液的操作。实践操作表明，增加磨片间距，大豆破碎程度低，减少磨片间距，大豆破碎程度增高，与水分接触面积增大，有利于蛋白质溶出。但在实际生产中，大豆磨碎程度要适度，磨得过细，纤维碎片增多，在浆渣分离时，小体积的纤维碎片会随着蛋白质一起进入豆浆中，影响蛋白质凝胶网络结构，导致产品口感和质地变差。同时，纤维过细易造成离心机或挤压机的筛孔堵塞，使豆渣内蛋白质残留含量增加，影响滤浆效果，降低出品率。

4. 煮浆

通过加热，使大豆蛋白充分变性的过程，叫煮浆。生产厂家调查表明，只加热到 70～80℃或只加热 1～2min，尽管部分细菌已被杀死，但抗营养因子及豆腥味生成物如脂肪氧化酶等还未得到抑制；这样的温度下，尤其是分子量大的蛋白质的高级结构还未打开，凝胶化性较差，当点浆时因持水性差会造成豆腐凝胶结构散乱，没有韧性，甚至无法形成豆腐。当两次煮浆的温度和时间为 91～95℃和 4～7min 时，所得浆液无豆腥味和烧焦味。取平均值得最适煮浆温度和时间分别为第一次 93.2℃、5.7min，第二次 93.5℃、5.4min，即两次煮浆最适的温度均在 93℃以上，维持 4～6min。若当煮浆至 90℃以上时，除原料中极少量土壤源芽孢杆菌还残存外，其他影响食品安全的微生物及豆腥味物质均已消除；保证了与大豆蛋白加工性能密切相关大豆球蛋白充分变性，蛋白质的凝胶特性明显增加，在凝固剂的作用下即可形成结合力很强、有弹性的蛋白质胶凝体，制得的豆腐组织细腻，结构坚实，有韧性，即已达到煮浆的基本目的。

煮浆的作用主要有以下两点：一是为点浆创造必要条件，二是消除胰蛋白酶抑制剂等抗营养因子，破坏脂肪氧化酶活性，消除豆腥味，杀灭细菌，延长产品保质期。

5. 浆渣分离

从浆液中将豆渣分离去除，得到大豆蛋白质为主要分散质的溶胶液——豆浆，包括生浆和熟浆进行浆渣分离。机械过滤生浆一般选择卧式离心机，熟浆选择挤压机。人工分离一般借助压力放大装置和滤袋，滤袋目数一般 100～120 目为宜。经过对浆渣分离的筛网目数测量表明，大部分优质豆腐生产中所用筛网为 120 目。目数太高会造成分离过滤的阻力过大，反而影响分离效果；目数太低则会分离不彻底，造成大量豆渣残留豆浆中。

加水量、进料速度、转速、筛网目数决定着分离效果。在二次浆渣共熟加工工艺中，经 3 次浆渣分离后，得到的豆浆浓度稳定，适合以豆清发酵液为凝固剂进行点浆。

6. 点浆

向煮熟的豆浆中按一定方式添加一定比例的凝固剂，大豆蛋白溶胶液变成凝胶，豆浆变豆腐脑的过程即为点浆，是豆腐生产过程中最为关键的一道工序。将已经发酵好的豆清发酵液，按照一定的比例添加至豆浆中，以天然发酵的豆清发酵液作为凝固剂生产的豆腐，具有安全、营养、美味等特点。

（1）豆浆浓度 在豆清发酵液点浆时不出现整团大块的豆腐脑，水豆腐含水量适中有弹性，此豆浆浓度即是适合豆清发酵液点浆最佳豆浆浓度。

调查结果显示，一般生产企业豆浆浓度在 $5.3\sim$ $5.9°Brix$ 之间，加入凝固剂后形成的脑花大小适中，豆腐韧性足。豆浆浓度在 $5.5°Brix$ 左右为最适点浆的浓度。低于 $5.5°Brix$ 时，蛋白质分子结合力不够，持水性差，豆腐没有弹性，出品率低。

从蛋白质加工性能看，豆浆浓度在 $5.5°Brix$ 以上，浓度越大，蛋白质聚集越容易，生成的豆腐脑块大，持水性上升，富有弹性。但当豆清发酵液与浓度过高的豆浆混合时，会迅速形成大块整团的豆腐脑，持水性明显下降，造成点浆结束时仍有部分豆浆无法凝固的现象，也无法得到新鲜豆清蛋白液，影响后续生产。所以生产实践中，要综合考虑得到最佳豆浆浓度。

（2）温度和时间　将豆清发酵液全部加入豆浆中之后，温度计感应端插入豆腐脑内部测量温度。注意：从开始加入豆清发酵液至开始破脑的时间为点浆时间。点浆过程中，随着凝固剂加入，豆浆凝固均匀，形成的豆花大小适中，所得水豆腐持水性好，既有弹性又不失韧性，此时温度为最佳点浆温度。点浆静置保温过程中，待豆腐脑已稳定，再轻洒少许酸豆清发酵液，未有明显豆花沉淀，为点浆终点，依次确定最佳点浆时间。

一般来说，豆干企业采用的点浆温度和时间分别为 $75.5\sim78.0℃$ 和 $37.5\sim40.5min$，豆腐凝胶形成较好，豆清蛋白液已澄清，且无白浆残留。点浆温度和时间密切相关，点浆时维持在 $77.5℃$ 左右，加入豆清发酵液后静置保温 40min，点浆效果最好。如果温度过高，会使蛋白质分子内能跃升，一遇到酸性的豆清发酵液，蛋白质就会迅速聚集，导致豆腐持水性变差、凝胶弹性变小、硬度变大。如果凝固速度过快，豆清发酵液点浆又是分多次加入凝固剂，稍有操作不当，导致凝固剂分布不均，就会出现白浆现象。当温度低于 77.5℃甚至低于 72℃时，凝固速度很慢，凝胶结构会吸附大量水分，导致豆腐含水量上升，韧性不足。

（3）豆清发酵液 pH 值和添加比例　在豆清发酵液加入豆浆之前，取少许豆清发酵液测量 pH 值；通过测量豆浆量和豆清发酵液添加量计算豆清发酵液添加比例，即凝固剂/豆浆的比例。

豆清发酵液加入后豆浆彻底凝固，未出现白浆现象，制得豆腐口感良好，无酸味，且温度未显著降低。此时，豆清发酵液 pH 值为 3.95～4.12 是最适 pH 值。添加比例判断标准：测量表明，在适合的豆浆放度、点浆温度和时间条件下，当豆清发酵液添加比例为 40.5%～42.3%时，豆腐凝胶结构紧密，且无白浆和过多新鲜豆清蛋白液出现。豆清发酵液 pH 值与豆清发酵液添加比例也有密切的相关性。加入 pH4.08 左右及物料比 41.8%的豆清发酵液时，豆腐脑块均匀，凝固效果好，制得豆腐口感细腻，韧性好，并富有弹性。豆清发酵液 pH 值较高时，难以使混合液 pH 值调整至大豆蛋白等电点 4.5 附近，蛋白质分子表面离子化侧链所带净电荷无法完全中和，排斥力仍然存在，导致蛋白质分子难以碰撞、聚集而沉淀，豆浆凝固困难。而 pH 偏高则不可避免要加入较多（60％以上）豆清发酵液用以调整混合液 pH 值，但是随着大量低温豆清发酵液的加入，点浆温度必然下降，影响着点浆效果。若豆清发酵液过酸，pH 值过低时，大豆蛋白质溶解度反而升高，同样不利于点浆。

(4) 凝固温度 当豆浆加热到 80℃左右开始点浆，温度直接影响蛋白质胶凝的效果。同时适宜的温度也可以使酶和一些微生物失活，达到一定的杀菌效果。

(5) 凝固时间 豆浆的凝乳效果和凝固时间有很大关系。凝固的时间一般控制在 16～20min 范围内。当凝固时间小于 10min 时，不能成型。凝固时间过长会影响生产效率。

(6) 蹲脑时间 蹲脑又称为养浆，是大豆蛋白质凝固过程的后续阶段。点浆开始后，豆浆中绝大部分蛋白质分子凝固成凝胶状态，但其网状结构尚未完全成型，并且仍有少许蛋白质分子处于凝固阶段，应静置 30min 左右进行蹲脑。蹲脑过程不能受外力干扰，否则，已经成型的凝胶网络结构会被破坏。

(7) 压榨成型 我国豆腐脱水最常采用的技术是压榨制坯。豆腐的压榨具有脱水和成型双重作用。压榨在豆腐箱和豆腐包布内完成，使用包布的目的是使水分通过，而分散的蛋白凝胶则在包布内形成豆腐。豆腐压榨的时间 30min～12h 不等，依据产品特点和产地存在差异，例如湖北豆腐的压榨时间一般在 30min 左右，而四川、重庆等地压榨时间较长。豆腐包布网眼的目数与豆腐制品的成型密切相关。传统的压榨一般借助石头等重物置于豆腐压框上方进行压榨，此方法有明显的缺点，效率低且排水不足；单人操作的小型压榨装置则在豆腐压框上固定一横梁作为支点，用千斤顶或液压杠等设备缓慢加压，使豆腐成型。随着科学技术的发展，我国已有半自动化和自动化压榨设备。半自动化设备大多使用汽缸或液压装置，并用机械手提升豆腐框，以叠加豆腐框依靠自重压榨的方式提高效率。全自动化设备目前仅有转盘式液压机，多个压榨组同时压榨并旋转，起到了输送的作用；同时压框循环使用，自动上框、回框，实现自动化。

第三节　内酯豆腐

一、概述

内酯豆腐是一种新型豆腐制品，采用葡萄糖酸-δ-内酯（简称葡萄糖酸内酯或内酯）为凝固剂，在包装袋或盒内加温，凝固成型，不需要压制和脱水。内酯豆腐相对北豆腐、南豆腐来说显得更嫩，所以也称为嫩豆腐，基本上采用盒装或袋装方式，也称为填充豆腐。由于不需要压制，因而无黄浆水流失，具有质地细腻肥嫩、营养丰富、出品率高的特点。内酯豆腐耐储存，室温25℃可以存放两天，夏季放在凉水中也能保持2～3天不腐败变质，12℃时存放5天不变质。

盒装内酯豆腐与传统豆腐相比有五个优点：第一，内酯豆腐的出品率高，1kg大豆可制作2.25～2.50kg豆腐。第二，内酯豆腐洁白细腻、质地均匀、鲜嫩爽滑。第三，全密封包装，方便卫生。第四，制作豆腐时不泄出豆腐水，避免了废水污染环境，减少了营养损失。第五，能连续化、自动化生产，劳动强度低。

二、生产工艺

1. 工艺流程

大豆→加水浸泡→磨浆→除沫过滤→加热煮浆→降温冷却→加葡萄糖酸内酯→凝固→加温→降温凝固→成品豆腐

2. 主要原料

选用无霉变的大豆，筛去杂物石豆，去掉虫粒。

3. 设备用具

石磨、木桶或瓦缸、大锅、蒸笼等。

4. 制作方法

将大豆装入木桶或瓦缸内，然后加入符合生产标准的清水浸泡。在浸泡过程中换水 1 次，换水时要搅拌大豆，进一步清除杂质，使 pH 值降低，防止蛋白质酸变。去皮大豆室温 15℃ 以下时浸泡 8h，20℃ 左右浸泡 6h，夏季浸泡 3h 左右。带皮大豆夏季浸泡 4h，春秋季浸泡 8h，冬季浸泡 20h 左右。按此标准浸泡，能提高豆腐制品的光泽、筋度与出品率。

将浸泡好的大豆用磨齿均匀的石磨磨浆，磨出的豆浆才会既均匀又细。为了使大豆充分释放蛋白质，要磨两遍。磨完两遍后大豆与水的比例一般为 1：5 左右。磨第一遍时，边磨边加凉水，共加水 60kg。磨完第一遍后，将豆浆再上磨磨第二遍，同时加入凉水 30kg。磨完后，装入木桶中。取约占大豆总质量的 1% 的植物油或油脚，装入容器，加入 50～60℃ 的温水 20kg，用工具搅拌均匀。然后倒入豆浆中，即可消除泡沫。消泡后，紧接着过滤。一般要过滤两次，边过滤边搅动。第二次过滤时，需加入适量凉水，将豆渣冲洗，使豆浆充分从豆渣中分离出来。过滤布的孔隙不能过大或过细。然后将过滤好的豆浆全部倒入锅内，盖好盖加热，将豆浆烧开后煮 2～3min 即可。煮浆过程注意火不要烧得过猛，为防止煳锅要一边加热一边用勺子扬浆。煮好后，把豆浆倒入木桶里冷却。然后取葡萄糖酸内酯，溶于适量水中，当豆浆冷却到 30℃ 左右时，迅速将葡萄糖酸内酯加入豆浆中，并用勺子搅拌均匀。再将半凝固的豆浆倒入包装盒或包装袋里，用蒸汽或蒸笼隔水加热20min左右，温度控制在 $80 \sim 85℃$ 之间，不能超过 $90℃$。最后再次冷却降温，随着温度的降低，豆浆即形成细嫩、洁白的内酯豆腐。

三、质量控制要点

1. 内酯的配制

配制内酯溶液时加入 2.5 倍左右的水或经煮开后冷却的豆浆即可完全溶解。新配制的葡萄糖酸-δ-内酯溶液中只有葡萄糖酸-δ-内酯，pH 值为 2.5。如果配制好的内酯溶液不立即使用，放置一段时间后，内酯能水解生成葡萄糖酸及少量葡萄糖酸-γ-内酯。

内酯豆腐的生产原理：葡萄糖酸-δ-内酯水解生成的葡萄糖酸属于酸类，可使大豆蛋白质凝固，葡萄糖酸-δ-内酯在较低温度下水解速度缓慢，随着温度的升高，水解的速度加快。葡萄糖酸-δ-内酯的水解速率同时还受 pH 值的影响，pH 值等于 7 的时候水解速度最快，当 pH 值大于 7 或小于 7 时水解速度都会降低。在水温 20℃ 左右时，水解速度较缓慢，需经过约 4h 的水解才基本达到平衡。水解到达平衡时，溶液中葡萄糖酸-δ-内酯、葡萄糖酸及葡萄糖酸-γ-内酯的浓度基本保持恒定，这时 pH 值为 1.9 左右。

内酯豆腐的生产，要充分利用内酯在低温下水解速度缓慢，较高温度下水解速度快的特性。在配制内酯溶液时，利用其在低温下水解速度缓慢的特性，尽量使之不发生水解，或尽量少水解，所以要用低温的凉开水或凉的熟豆浆来溶解，并且要做到随配随用。在盒或袋中时，为了加快凝固速度和提高凝固质量，加热使豆浆中的内酯尽快水解产生葡萄糖酸，与蛋白质发生凝固反应，形成内酯豆腐。

2. 豆浆浓度的控制

内酯豆腐的生产中，由于在密封的盒中凝固，没有脱水过程，所以，要控制好豆浆的浓度。适宜豆浆的浓度要控制在可溶性固形物含量为 10.5°Brix 左右。如果浓度太低，产品含水量过高，产品太嫩，甚至不能成型；浓度太高，产品出品率低，且容易老化。以蛋白质计，豆浆中的蛋白质含量应在 5.5% 左右。

3. 脱气

豆腐出现气孔和砂眼，是由于制浆过程中会出现泡沫形成的。所以要加入消泡剂来达到消泡的目的，但很难完全消除浆液内部的一些微小气泡。这些气泡分布在产品内部，使产品的质地受到破坏等。所以对浆液进行脱气，不仅能够彻底排出豆浆中的气体，还可以脱去部分挥发性的呈味物质，从而使生产出的豆腐质地细腻，表面光洁，口感嫩滑，味道清香。

4. 内酯溶液浆液混合温度的控制

内酯水解速度随着温度升高而加速的特性，因此内酯与豆浆混合温度应在较低的温度下进行。一般控制在低于30℃的条件下进行，如果温度过低，对后续产品质量虽然没有影响，但是低温需要更多的能耗，会增加生产成本，不可取。如果温度过高，内酯与豆浆一混合接触即发生凝胶反应，会造成内酯与浆液混合不充分，充填分装过程操作困难，最终造成产品粗糙、松散，甚至不成型。

5. 搅拌速度的控制

豆浆中添加葡萄糖酸内酯时，为了使豆浆与内酯混合均匀，豆浆必须处于搅拌状态，搅拌速度控制在68～78r/min之间，内酯添加结束后继续搅拌约1min。在添加内酯时，为了混合充分又不产生气泡，豆浆的搅拌速度要适当控制，如搅拌速度越快，产生的气泡越多。速度过快，豆浆易产生细小的泡沫，致使在凝固过程中泡沫滞留于豆腐产品中；如搅拌过慢，豆浆与内酯的混合不充分，影响产品的凝固质量和成型效果。

6. 内酯添加量的控制

内酯的添加量越多，产品的硬度越高，成型越好。但当添加量超过0.3%（以豆浆计）时，产品的酸味较大，所以，一般生产中使用量以豆浆量的 0.26％～0.3％为宜。

7. 混合后浆料量的控制

每次混合的浆料量不能太多，需进行适当的控制。因为内酯与浆液混合后如果不立即充填灌装，就会发生凝固反应，对后期充填灌装操作造成困难，影响产品质量，一般需在混合后 30min 内充填灌装完毕。

8. 内酯与豆浆混合后加热温度、时间的控制

豆浆与内酯混合充填包装后，应立即进行水浴加热，使之凝固成型。加热温度和时间是严格控制的工艺参数，实验可得，生产上采用的工艺参数为 80～85℃，凝固时间控制在 22～26min。当水浴温度低于 70℃时，虽然豆浆也可凝固，但凝胶强度弱，产品过嫩，或者散而无劲。当水浴温度为 90℃时，盒内的豆浆很快就会凝固，所得的豆腐硬度较高；当温度接近 100℃时，盒内的豆浆处于微沸状态，凝固的过程中会产生大量泡眼，而且还会因为凝固速度过快，凝胶收缩，出现水分离析、产品质地粗硬的现象。

9. 凝固后的冷却

经过热凝后的内酯豆腐需进行快速冷却，这样既可以增强凝胶强度，提高产品的保形性，还可以增加产品的保质期。

第四节　北豆腐

北豆腐是中国传统豆腐品种中的北方地区典型代表，也称为"卤水豆腐"或"老豆腐"。盐卤俗称卤水、淡巴，又叫苦卤、卤碱，是由海水或盐湖水制盐后，残留于盐池内的母液，主要成分有氯化镁、硫酸钙、氯化钙及氯化钠等，味苦。蒸发冷却后析出氯化镁结晶，称为卤块。卤水豆腐是采用以 $MgCl_2$ 为主要成分的卤水或者卤盐作为凝固剂制成的豆腐。氯化镁是国家批准的食品添加剂，也是我国北方生产豆腐常用的凝固剂，能使蛋白质溶液凝结成凝胶。这样制成的豆腐硬度、弹性和韧性较强，口感粗糙，称之为硬豆腐，主要用于煎、炸以及制馅等。

一、生产工艺

大豆→清选→浸泡→磨浆→浆渣分离→煮浆→点浆→压制→出包→切块→成品

二、操作要点

1. 浸泡

去除大豆中的碎石、石豆、霉豆等，选择优质大豆加工制作豆腐。使用符合生产标准的凉水浸泡大豆，浸泡时间应根据大豆质量、含水量、季节、室温和不同的磨具区别对待。在北方地区，一般春秋季节可浸泡12～15h，夏季 4～7h，冬季 14～17h。夏季可浸泡至九成开，搓开豆瓣中间稍有凹心，中心色泽稍暗。冬季可泡至十成开，搓开豆瓣呈乳白色，中心浅黄色，pH 值约为 6。如使用砂轮磨磨浆，浸泡时间还应缩短 1～2h。第一次冷水浸泡 3.5～4.5h，水没料面 15cm 左右，大豆吸水，水位下降至料面以下 6～7cm 时，再继续加，使豆粒继续吸足水分，使浸泡后的大豆增重一倍左右。

2. 磨浆

磨浆之前要做好充分的准备，一方面，浸泡好的大豆上磨前应经过水选或水洗；另一方面，砂轮磨需要事前冲刷干净，调好磨盘间距，然后再滴水下料。初磨时最好先试磨，试磨正常后再以正常速度磨浆。

磨浆时滴水、下料要协调一致，不得中途断水或断料，磨糊要求光滑、粗细适当、稀稠合适、前后均匀。注意开磨时不能断料、不能断水。如果使用的是石磨，应将磨体冲刷干净，按好磨罩和漏斗，调好顶丝。磨浆应根据生产需要，用多少磨多少，保证质量新鲜。

3. 浆渣分离

浆渣分离是保证豆腐成品质量的前提，现阶段各地豆制品厂多使用离心机。使用离心机过滤，要先粗后细，分段进行。使用离心机过滤可以大大减轻笨重体力劳动，而且效率高、质量好。尼龙滤网先用 80 目，第 2 次、第 3 次用 80～100 目，滤网制成喇叭筒形过滤效果较好。过滤中三遍洗渣，滤干净，务求充分利用洗渣水残留物，渣内蛋白含有率不宜超过 2.5%，洗渣的用水量根据豆浆浓度确定，一般情况 1kg 大豆总的加水量为 9～10kg。

4. 煮浆

煮浆对豆腐质量的影响很重要。煮浆通常有两种方式，一是敞口大锅煮浆，二是现代化密封蒸煮罐煮浆。使用敞口锅煮浆，煮浆要快，时间要短，时间不超过 15min。煮浆开锅应使豆浆"三起三落"以消除浮沫，锅三开后立即放出豆浆备用。落火通常采用封闭气门，三落即三次封闭。锅内第一次浮起泡沫，封闭气门泡沫下沉后，再开气门。二次泡沫浮起中间可见有裂纹，并有透明气泡产生，此时可加入消泡剂消泡，消泡后再开气门，煮浆温度达 95～100℃ 时，封闭气门，稍留余气放浆。

煮浆过程注意事项：一、开锅的浆中不得注入生浆或生水。二、消泡剂使用必须按规定剂量使用。三、锅内上浆也不能过满，煮浆气压要足，最低不能少于0.3MPa。四、煮浆还要随用随煮，用多少煮多少，不能久放在锅内。

密封蒸煮罐煮浆使用的加工设备是密封阶梯式溢流蒸煮罐，它可自动控制煮浆各阶段的温度，精确程度较高，煮浆效果也较好。使用蒸煮罐煮浆的具体生产过程，可用卫生泵将豆浆泵入第一煮浆罐的底部，利用蒸汽加热产生的对流，使罐底部浆水上升，通过第二煮浆罐的夹层流浆道溢流入第二煮浆罐底部，再次与蒸汽接触，进行二次加热，经反复5次加热达到100℃时，立即从第五煮浆罐上端通过放浆管道输入缓冲罐，再置于加细筛上加细。各罐浆温根据经验，1罐为55～60℃，2罐为70～75℃，3罐为80～85℃，4罐为85～90℃，5罐为95～100℃。浆温不能超过100℃，由于蛋白质变性会严重影响以后的工艺处理。

5. 点浆

决定豆制品质量和成品率的关键步骤是点浆，点浆过程中应掌握豆浆的浓度和 pH 值，正确地使用凝固剂，以及打耙技巧。不同的豆制品制作要求不同，豆浆凝固时的温度和浓度也不一样。例如半脱水豆制品温度控制在85～90℃之间，浓度为10～11°Brix；北豆腐温度控制在 80℃ 左右，浓度为 12～13°Brix；油豆腐温度为 70～75℃，浓度为 8～9°Brix。凝固豆浆的最适 pH 值为 6.0～6.5。在具体操作上，凝固时先打耙后下卤，卤水流量先大后小。打耙也要先紧后慢，边打耙，边下卤，当缸内脑花出现一半时，打耙减慢，卤水流量相应减小。脑花出现 80% 时停止下卤，见脑花游动缓慢并下沉时，表明脑花密度均匀，停止打耙。

为防止转缸打卤、停扭动作都要沉稳。为防止上榨粘包，停耙后在脑面上淋点盐卤，出现斑点痕迹为点成。点脑后静置 25min 左右蹲脑。

6. 压制

蹲脑后开缸放浆上榨，开缸时用上榨勺将缸内脑面片到缸的前端，撇出冒出的黄浆水。正常的黄浆水应是清澄的淡黄色，说明点脑适度，不老不嫩。黄浆水色深黄为脑老，暗红色为过老，黄浆水呈乳白色且混浊为脑嫩。遇有这种情况应及时采取措施，或加盐卤或大开浆。上榨前摆正底板和榨模，煮好的包布洗净拧干铺平，按出棱角，撇出黄浆水，根据脑的老嫩采取不同方法上榨。先用优质脑铺面，后上一般脑，既保证制品表面光滑，又可防止粘包。四角上足，全面上平，数量准确，动作稳而快，拢包要严，避免脑花流散，做到缸内脑平稳不碎。

压榨时间为 20～25min，压力按两板并压为 600N 左右。豆腐压成后立即下榨，使用刷洗干净的板套，做到翻板要快，放板要轻，带包要稳，带套要准，移动要严，堆垛要慢，开始先多铺垛底，再下榨分别垛上，每垛不超过 10 板，夏季不超过 8 板。在整个制作豆腐过程中，严格遵守"三成"操作法，即点脑成，蹲脑成，压榨成，不能贪图求快。豆腐产品厚薄一致，符合市售标准要求。

三、存在的问题及解决方法

北豆腐加工过程中的难点概括而言，主要有以下 3 点。

1. 点卤环节控制难点

点卤是卤水豆腐制作的关键环节，是第一个技术难点。凝固剂——盐卤在豆腐制作中发挥了主要的作用。盐卤点卤的最大特色——快速凝固，就是利用了盐卤溶解度高的特点。在实际生产中，点卤时可以发现，几乎在盐卤或者卤水加入豆浆的瞬间，凝固作用便开始快速发生，导致卤水在豆浆中还未完全均匀分布，凝固便已在相当短的时间内结束。但是快速凝固也存在一定的弊端，为了在一定程度上缓解快速凝固带来的弊端，在豆腐生产的点卤加工中，在添加凝固剂的同时或手动或用机械快速搅拌豆浆以便凝固作用尽量在短时间内均匀发生。盐卤凝固剂的短时快速反应特性大大增加实际生产的操作难度，即使现代豆腐加工企业中引入了高效搅拌设备，也没能完全有效地缓解快速凝固带来的弊端。

2. 豆腐品质提升难点

卤水豆腐第二个技术难点是改善豆腐自身的品质。卤水豆腐之所以又被称作"老豆腐"的主要原因，是卤水点卤导致豆浆迅速凝固，凝胶空间网络迅速形成，凝胶结构粗糙，质地较硬。凝胶快速形成导致凝胶网络持水能力下降，凝胶含水率低，豆腐产品产量和质量下降。

3. 豆腐营养流失难点

有效避免卤水豆腐营养物质的流失也是难点之一。卤水豆腐凝胶形成时由于快速凝胶作用，导致凝胶失水严重，而持水能力低又使得更多的水分在豆腐压制过程中以黄浆水形式流失。伴随着黄浆水的排出，一些豆腐中的营养成分也流失严重。

从以上3点分析可以得出，卤水豆腐特有的口感源于卤水这种凝固剂，而卤水豆腐加工中的主要难点也源于盐卤这种凝固剂的点卤特点，即快速释放，快速凝胶。因此，解决卤水豆腐加工中的难点问题，是在不更换凝固剂种类的前提下，改变凝固剂的释放方式，但保留北豆腐的特有口感。缓释技术是改变凝固剂释放方式的最佳选择。

第五节　南豆腐

　　我国南方制作豆腐选用石膏粉作凝固剂，用这种凝固剂制作的豆腐水分含量较多，硬度和弹性都比北豆腐小，口感比北豆腐细腻。因为制作的区域主要集中在长江以南，称之为南豆腐。

一、生产工艺

　　大豆→清选→浸泡→清洗→磨浆→浆渣分离→生豆浆→煮浆→点浆→成型→出包→切块→成品

二、操作要点

1. 清选

　　·选取优质无污染、未经热处理、蛋白质含量高的大豆品种，去壳筛净。为了保证产品的质量，应清除混在大豆原料中泥土、石块、草屑及金属碎屑等杂物。不宜使用刚刚收获的大豆，应存放 3 个月后再使用。

2. 浸泡

要用冷水浸泡大豆。浸泡用水水质要求：软水、纯水为佳，出品率高。浸泡用水量要求：豆、水重量比1∶2.5左右为宜。浸泡温度和时间要求：春秋季度，水温20～25℃，浸泡12h；冬季，水温50～55℃，浸泡24h；夏季，水温25～30℃，浸泡8h。浸泡水最好不要一次加足，根据具体季节或情况不同，分2～3次加水。第一次加水以浸过料面15cm左右为宜。待浸泡水位下降到料面以下5cm时再加1～2次水。浸泡好的大豆应达到以下要求：大豆增重为1.2倍左右；大豆表面光滑，无皱皮，豆皮轻易不脱落，手触摸有松动感；豆瓣内表面略有塌陷，手指掐之易断，断面无硬心。在浸泡大豆的过程中，主要是让大豆吸水、膨胀，使质地变脆变软，便于大豆研磨粉碎后充分提取蛋白质。

浸泡注意事项：一、浸泡时间一定要掌握好，不能过长，否则失去大量蛋白质，做不成豆浆。二、在浸泡液中加入一定量的碱液，可以增加蛋白质的溶解性，且该反应中等电点的pH值为4.3，加入碱液后，可使其远离等电点，同时又抑制了脂肪氧化酶的反应，从而达到提高产量的效果。

3. 磨浆

大豆浸好后，捞出备用。磨浆前先清洗好砂轮调整好砂轮间隙。然后按1千克大豆6kg水比例磨浆，用袋子将磨出的浆液装好，捏紧袋口，用力将豆浆挤压出来。豆浆榨完后，可以开袋口，再加水 3kg 拌匀，继续榨一次浆。一般 10kg 大豆出渣 15kg、豆浆 60kg 左右。榨浆时，不要让豆腐渣混进豆浆内。

磨浆的关键：掌握好豆浆的粗细度，如果过粗，影响过浆率；如果过细，大量纤维随着蛋白质一起进入豆渣中，一是会造成筛网堵塞，影响滤浆，二是会使豆制品质地粗糙，色泽灰暗。由于蛋白质含在大豆细胞 5～10μm 的细小颗粒中，为便于更好地抽取出来，豆糊的细度以细为好。原因有两方面，一方面磨浆时需随料定时加水，使大豆中的蛋白质充分溶于水中，磨浆中磨体会产生热量，加水既可润湿原料，又能冷却料糊，防止大豆蛋白质产生热变性。另一方面通过破碎大豆的蛋白体膜，使大豆蛋白质随水溶出来，形成蛋白质溶胶，即生豆浆。

4. 浆渣分离

浆渣分离是用分离设备把豆糊中的豆浆和豆渣分开，除去大豆纤维物质，制取以蛋白质为主要分散质的溶胶体——豆浆。

浆渣分离有生浆法和熟浆法两种工艺。我国北方多采用熟浆过滤法，即先把研磨的豆糊加热煮沸，然后过滤除渣；而在南方包括淮南多采用生浆过滤法，即先把研磨的豆糊除去豆渣，然后再把豆浆煮沸。现代化、工厂化的生产线都采用机械滤浆的方法，传统的分离方法是手摇包。我国淮南地区多用细白布口袋，将磨好的豆糊装进口袋并扎好口放在缸口上的木板架上，用力挤压豆糊，直到布袋内无豆浆流出为止。

5. 煮浆

煮浆的方法主要有传统的土灶铁锅加热煮浆法和蒸汽加热煮浆法。煮浆步骤：把榨出的生浆倒入锅内煮沸，不必盖锅盖，边煮边撇去面上的泡沫。加热过程中火要大，但不能太猛，防止豆浆沸后溢出。豆浆煮到温度达100℃时即可，注意加热要均匀。温度不够或时间太长，都会影响豆浆质量及下一道程序。

煮浆原理：煮浆是大豆点浆的准备阶段。生浆加热后，天然的大豆蛋白质成为变性大豆蛋白质，使大豆蛋白质粒子呈现不定型的凝集。凝固就是大豆蛋白质在热变性的基础上，在凝固剂的作用下，由溶胶状态变成凝胶状态的过程。煮浆的目的是要使大豆蛋白质产生热变性，就是生豆浆通过加热，加速蛋白分子的剧烈运动，使分子间相互撞击，拆断维持蛋白质空间结构的氢键，改变原有生豆浆中大豆蛋白质的空间结构，破坏外部的水化膜，除去分子外的双电层，使蛋白质易于结合在一起，形成凝胶。煮浆使胰蛋白酶抑制剂、红细胞凝集素等物质失去活性，还可以提高大豆蛋白质的消化率，提高大豆蛋白中赖氨酸的有效性，减轻大豆蛋白质的异味，消毒杀菌，延长产品的保鲜保质期。

煮浆过程中，时间、温度、搅拌方式都会对煮浆产生影响。煮浆主要注意事项：第一，在煮浆过程中，会出现假沸的现象，即温度达到94℃时，便沸腾得厉害，让人误解为煮浆完成。其实温度要达到100℃时，煮浆才算完成。94℃时的煮浆并不彻底，导致在后面的点浆过程中，无法形成蛋白质沉淀，不能成团。第二，在煮浆过程中，时间太长易使多肽分解，形成氨基酸。为减少氨基酸的生成，可在煮浆溶液中加入一定量的 $NaHCO_3$。

6. 点浆

点浆步骤：把烧好的石膏碾成粉末，用一定量的水调成石膏浆，冲入刚从锅内舀出的豆浆里，用勺子轻轻搅匀，数分钟后，豆浆凝结成豆腐花。一般情况 1kg 大豆需石膏粉 0.03～0.04kg，加 80g 水调和均匀倒入豆浆，迅速搅拌，有豆花出现时即停止搅拌。

点浆原理：该环节中考虑到了蛋白质的凝集反应和胶体的性质。就是把凝固剂按一定比例和方法加到煮熟的豆浆中，豆浆中的胶体粒子所带的电荷被中和，促使大豆蛋白质由溶胶转为凝胶，把豆浆变成豆腐。

7. 成型

豆腐的成型主要有破脑和压制两道工序。主要两个步骤：第一，破脑，也叫排脑。由于豆腐脑中的水多被包在蛋白质网络中，不易自动排出。因此，要把已形成的豆腐脑适当地破碎，目的是排除其中所包含的一部分水。豆腐的排脑，就是把养好的豆腐脑，有序地放进竹筛的包单布里，通过包单和竹筛排出一部分水分。第二，压制，也叫加压，可用重物直接加压或专用机械来完成。通过压制，可压榨出豆腐脑内多余的浆水，使豆腐脑密集地结合在一起，成为具有一定含水量和保持一定程度弹性与韧性的豆腐了。成型过程的原理是利用压力将多余的浆水除去，保持其弹性与韧性。

三、注意事项

1. 凝固剂的特征

南豆腐使用的凝固剂硫酸钙，俗称石膏。石膏因含结晶水的数量不同，可分生石膏（$CaSO_4 \cdot 2H_2O$）、半熟石膏（$CaSO_4 \cdot H_2O$）、熟石膏（$CaSO_4 \cdot 1/2H_2O$）、过熟石膏（$CaSO_4$）。其中过熟石膏不能作为凝固剂。在生产过程中，经验丰富的操作人员使用哪种石膏作为凝固剂，对最终的产品质量都不会产生任何影响，但如果是普通操作人员，为了便于控制，最好使用半熟石膏或熟石膏作为凝固剂。

凝固原理：生石膏作凝固剂时，在凝固过程中会发生一系列的化学反应。首先，由少量溶解的生石膏发生电离，生成钙离子，然后再由钙离子与蛋白质的羧基反应生成凝胶。随着溶液内钙离子的不断减少，石膏的溶解和电离不断进行，直到所有的蛋白质发生凝胶反应为止。不同结晶水含量的凝固剂凝固速度不同，如用半熟石膏作凝固剂，那么由于增加了半熟石膏遇水先生成生石膏的过程，凝固速度会变慢。用熟石膏作凝固剂时，熟石膏遇水生成生石膏的时间更长，凝固速度会更慢。

2. 石膏凝固剂的配制

在豆制品实际生产过程中，通常使用量以大豆为基准，1千克大豆使用25g硫酸钙，溶于100mL水中。配制注意事项：第一，溶解硫酸钙时，加水量不能太多，否则加入豆浆时会降低豆浆的温度和浓度，影响凝固效果。第二，由于硫酸钙很难溶于水，所以经常会有沉淀，因此，在配制凝固剂时要注意观察，防止沉淀出现。

3. 凝固温度、时间对豆腐硬度的影响

用生石膏作凝固剂生产豆腐时，最初的20min内豆腐的硬度增加很快，以后随着时间的延长增加速度逐渐变慢。用生石膏作凝固剂生产豆腐时，点浆温度控制在80℃左右，凝固时间控制在30min左右较适宜。

4. 豆浆蛋白质浓度与硬度的关系

通过改变豆浆蛋白质的浓度也可以改变豆腐的硬度。豆浆中蛋白质含量越高，做出的豆腐就越硬，这种变化比葡萄糖酸-δ-内酯作凝固剂时要大。一般情况下，制作石膏豆腐时，豆浆的可溶性固形物含量控制在10～12°Brix，即蛋白质含量4%～5%。

5. 搅拌时间和方法

在点浆过程中，搅拌的速度和时间直接关系着凝固效果。手工点浆时一边搅动使豆浆旋转，一边加入石膏液，搅拌时一定要使罐底的豆浆和面上的豆浆循环翻转，目的是使凝固剂均匀地分散在豆浆中，否则往往会出现有的地方凝固剂过量而使产品组织结构粗糙，有的地方凝固剂不足，而出现白浆的现象。搅拌越剧烈，凝固剂的用量越少，凝固速度越快，反之凝固剂的用量大，凝固速度慢。机械化生产时，一般采用冲浆的方式，就是取少量豆浆同石膏溶液一起以 $15°\sim30°$ 的角度沿容器壁冲下，利用这股冲力，使全部豆浆与石膏混合。

搅拌的时间的确定：看豆腐脑凝固的情况而定，如果已经达到凝固要求，就应立即停止搅拌，继续搅拌豆腐花的组织被过度破坏，造成凝胶的持水性差，产品粗糙，得率降低，口感差；如果提前停止搅拌或搅拌不够，豆腐花的组织结构不好，致使产品软而无劲，不易成型，甚至还会出白浆，也影响得率。

6. 凝固剂的添加量

随着凝固剂石膏添加量的增加，产品的硬度会增加。当添加量超过 0.4%（以豆浆计）时，生产出的豆腐口感变差，会感觉到发苦发涩，因此，在生产中凝固剂石膏的添加量要适当，以豆浆计，控制在 $0.3\%\sim$

0.4%为宜。

第六节 豆腐脑

豆腐脑是我国传统小吃之一，营养丰富，质地细腻
洁白。临吃时舀在碗里，以牛羊肉卤、口蘑肉汤加黄花
菜卤或麻酱，韭菜花素卤为辅料，补以蒜泥和辣椒油，
风味各异，深受广大消费者的喜爱。

一、生产工艺

1. 工艺流程

筛选→浸泡→磨浆→过滤除渣→煮浆→点脑

2. 操作要点

（1）**筛选** 大豆也要经过筛选，选择颗粒整齐、无
虫食、无霉变的新大豆，大豆筛选一般多用水选法。筛
除瘪豆、霉豆和其他草木杂屑之物，破碎去皮。

（2）**泡豆** 泡豆是为了便于磨浆作准备，这是为
了使大豆蛋白质能够从大豆中释放出来而成为豆浆，
泡豆对磨浆影响很大，不同的大豆品种、大豆的新鲜
程度、泡豆的水质、水温和水量、不同地区不同季节

气候等，对泡豆的要求也会有所不同。参考豆腐制作过程中的要求。

(3) 磨浆　磨浆可以用石磨、钢磨或砂轮磨。将泡好的大豆边添料边对水磨成豆浆糊，手捻浆糊呈片状即可，要求是：不发砂，不粗糙，愈细腻愈好。使用钢磨或砂轮磨时要注意，磨缝过小，摩擦生热，会使蛋白质变性，也不利于蛋白质在水中的溶解。一般 1kg 泡豆加水 1 倍量，10kg 大豆，可制出 45～47.5kg 豆糊。

(4) 过滤除渣　磨后用豆包布滤浆，过滤前先加入 70℃ 的热水。手摇过滤要分 3 次进行，每次都要加入热水，10kg 大豆糊先加热水 5kg，后 2 次各加 5kg。变化过程是：1kg 大豆→2kg 泡豆→4kg 的豆糊→6kg 的浓豆浆，这样每 10kg 大豆，可制出浓豆浆 60～70kg。

(5) 煮浆　在锅底部放点植物油，以防锅底结焦。把浆煮到 90℃ 左右。豆浆煮沸冒沫时，再淋一点植物油消泡，避免溢锅。煮浆的目的是去掉豆腥味、苦味，使蛋白质容易为人体消化吸收，并为点脑凝固创造条件。

(6) 点脑　点脑一般用盐卤或石膏。与点豆腐不同的是，用盐卤点脑时，一手用勺翻动豆浆，一手倒入卤水，直到豆浆全部形成凝胶状时，静置保温 20～25min 即成；若用石膏点脑，每 5kg 豆浆用熟石膏 150～175g。操作时，先将 1/5 至 1/6 的豆浆倒入石膏加少量水溶化成的石膏液中，然后将溶有石膏液的豆浆倒进其余豆浆中，静置保温 20～25min 即成。

二、存在的问题及解决方法

1. 存在问题

用内酯做豆腐脑太嫩，易碎还发酸。

2. 解决方法

（1）内酯用量 内酯过量会导致豆腐脑发酸，过少会导致做出的豆腐脑太嫩且易碎。所以内酯用量一般为豆浆量的 0.3%～0.4%，实际用量可根据需要适度调整。

（2）点豆腐脑的温度 烧豆浆时应先将内酯用少量冷水充分溶解后放置在准备盛豆腐脑的容器内，待豆浆完全烧开后，温度稍降至 80～90℃ 时再缓缓倒入容器与内酯混合。

（3）静置时间 将豆浆直接冲入已先行溶解好的内酯液内，稍微搅动，静置并保温20min后豆浆即可凝固成豆腐脑。

另外，内酯点的豆腐脑口感本身就稍微有点酸，若内酯用量过多或温度控制不好，点出的豆腐脑会发酸。可以通过在煮豆浆的过程中加入少量白糖，以去除酸味。

第四章

豆腐干和
腐竹生产

豆腐含水量约为 80%，并且营养丰富，极易受到微生物污染而引发变质。因此人们便将豆腐制成豆腐干进行保存，提高其保质期。目前市面上的豆腐干种类很多，主要包括白豆腐干、卤制豆腐干、熏制豆腐干等。

第一节 白豆腐干

一、生产工艺

除杂→清洗浸泡→磨浆→滤浆→煮浆→点浆→蹲脑→破脑→上包→压榨→划坯→出白

二、操作要点

1. 除杂

去除大豆中的杂质，例如根茎、树枝、砂石、泥块等，保证产品质量和安全。除杂的方法包括人工法和机械法。人工法通常使用竹罗，机械法采用振动筛选机、除尘器等。

2. 清洗浸泡

经过挑选除杂的大豆需要清洗、浸泡。浸泡使大豆吸水变软,有利于大豆蛋白质的提取。浸泡的程度直接影响产品的质量。大豆浸泡不够,蛋白质溶出率降低,影响产品得率;大豆浸泡过度,引起营养物质的损失,影响产品品质。因此,对大豆浸泡的程度要有严格的控制。浸泡时间主要受大豆品种、温度等因素影响。浸泡至豆片柔软,重量约为干重的 2 倍,体积为原来的 2.5 倍为宜。

3. 磨浆

磨浆,就是将大豆破碎,在磨碎的同时加入清水,制成较稠的浆液。磨浆后,颗粒物大小应在 $3\mu m$ 以下,浆液均匀洁白,手指捻无颗粒感。

4. 滤浆

过滤浆液,将浆和渣状物分离。工厂一般采用离心机进行滤浆,效率高,蛋白提取率高;家庭作坊主要采用布袋过滤,效率较低。

5. 煮浆

为了使大豆蛋白质变性,除去大豆豆腥味和微苦味,要进行煮浆。煮浆的方法主要有敞口煮浆法、封闭单罐煮浆法、封闭连续煮浆法等。

(1) 敞口煮浆法 敞口煮浆法是最常见的煮浆方法。敞口煮浆时,一般豆浆容量为桶总容量的 3/4,留 1/4 防止豆浆沸腾后外溢。加热过程中豆浆受热不均匀，上层豆浆温度高，下层豆浆温度低，因此第一次豆浆沸腾为表层豆浆沸腾，需要停止加热静置 2min，待上下层豆浆温度大体均匀后，再继续加热，重复三次。在此过程中也可加入消泡剂，以提高出品率，降低成本。

（2）封闭单罐煮浆法 其工作原理类似于高压锅。此方法煮浆效果良好，但需注意安全问题，工作时操作人员不能离开，罐体压力不能超过 0.15MPa。

（3）封闭连续煮浆法 这种煮浆方法是近几年出现的新型方法，采用一整套完整的煮浆设备完成。在整个煮浆过程中，豆浆的浓度、温度、流量都由设备自动控制，可实现无人操作的自动生产。

6. 点浆

在热豆浆中加入盐卤或者石膏进行点浆。点浆过程中要控制豆浆浓度稳定，一般固形物 6%～7% 为宜。浓度高，蛋白提取率高，导致结块大，水分少，豆腐硬；浓度低，豆腐不成形，保水性不好。豆浆 pH 控制在 6.5 左右，必要时用酸碱调节。盐卤点浆时盐卤用量为 2%～3%，豆浆温度在 70～85℃；石膏点浆时石膏用量为 2%～2.5%，控制豆浆温度在 75～90℃。

7. 蹲脑

蹲脑即点浆后的静置过程，是大豆蛋白质凝固过程的继续，一般需要 15min 左右。

8. 破脑

将豆腐脑适当破碎，利于水分排出。

9. 上包

破脑后要及时上包，根据产品规格选择坯子厚薄。上包后及时压榨。

10. 压榨

薄坯压榨时间为 25~40min，厚坯压榨时间为 40~60min。压榨后产品应表面平整、有弹性、有光泽、无蜂窝眼、缺角、缺边等现象。

11. 划坯

将压制成的豆腐坯平铺在平板上，用划刀按产品规格划成小块。

12. 出白

将豆腐干放入开水锅里，把水烧开后用文火焐5min后取出，自然晾干。

三、各种白豆腐干的生产

1. 模型豆腐干

(1) 工艺流程 制浆→点脑→蹲脑→扳湴→抽湴→

摊袋→浇制→压榨→划坯→出白

（2）操作要点

① 点脑　其点脑的操作程序与制豆腐脑时相似，但在点脑时，速度更快些，卤条要粗一些。当缸中出现有蚕豆颗粒那样大的豆腐脑，看不到豆腐浆又见不到沥出的黄泔水时，可停止点卤和翻动。最后在豆腐脑上加入少量盐卤盖缸面。用这种点脑的方法凝成的豆腐脑，质地比较老，即网状结构比较紧密，被包围在网眼中的水分比较少。

② 蹲脑　蹲脑又称为涨浆或养花，蹲脑时间控制在 15min 左右。

③ 扳泔　用大铜勺口对着豆腐脑，略微倾斜，轻巧地插入豆腐脑里。插入的同时，顺势将铜勺翻转，使豆腐脑亦顺势上下翻转，连续两下即可。在操作时，要用力使豆腐脑全面翻转，防止上下泄水程度不一，同时注意要轻巧顺势，不使豆腐脑的组织严重破坏，以免使产品粗糙而影响质量。

④ 抽泔　将抽泔箕轻放在扳泔后的豆腐脑上，使泔水渐渐积在抽泔箕内，再用铜勺把泔水抽提出来，可边浇制豆腐干边抽泔，抽泔时要落手轻快，不要碰动抽泔箕。

⑤ 摊袋　先放上一块竹编垫子，再放一只豆腐干的模型格子，然后在模型格子上摊放上一块豆腐干包布，布要摊得平整和宽松，使成品方正。

⑥ 浇制　把豆腐脑快速轻舀入模型格子内，要尽

可能使之呈平面状，当豆腐脑高出模型格子 2~3mm 时，全面平整豆腐脑，使之厚薄、高低一致，再把包布的四角盖在舀入的豆腐脑表面上。用铜勺在缸内舀豆腐脑时动作要轻快，不要使豆腐脑动荡而引起破碎泄水。

⑦ 压榨　把浇制好的豆腐干移入液压榨床或机械榨床的榨位上，在开始的 3~4min 内，压力不要太大，待豆腐泔水适当排出，豆腐干表面稍有结皮后，再逐渐增加压力，继续排水，最后紧压约 15min，到豆腐干的含水量基本达到质量要求时，即可放压脱榨。如果开始受压太大，会使豆腐干的表面过早生皮，影响内部水分的排出，使产品含水量过多，影响质量。豆腐干的点脑、扳泔、浇制和压榨这四个环节都有豆腐脑的泄水问题，如果点脑点老了，在扳泔时要注意不能扳得太足，点浆点嫩了，扳泔时就应适当扳得足些。另外，在浇制和压榨时也应根据点浆和扳泔的情况注意掌握好泄水程度。

⑧ 划坯　先将豆腐干上面的盖布全部揭开，然后连同所垫的竹编垫子一起翻在平方板上，再将模型格子取出，揭开包布后，用小刀先切去豆腐干边缘，再顺着模型的凹槽划开。

⑨ 出白　将豆腐干放入开水锅里，把水烧开后用文火焖 5min 后取出，自然晾干。这个过程称为"出白"，经出白可使豆腐干泔水在开水中进一步泄水，从而使豆腐干坚挺而干燥。模型豆腐干含水量较低，易于保存，但由于含有较高蛋白质，所以也极易使微生物繁

殖而引起发黏变质。在生产和销售中要注意，竹编垫子按块的顺序摆放，不要乱堆乱叠，否则会把商品压得变形，也容易造成发黏或发酸变质。竹编垫子应该用架子分格架空存放，以利通风凉爽，避免商品变质。销售剩余的商品，为防止变质或发黏，可以放在开水里煮一下，再晾干，以延长保质期。

2. 布包豆腐干

布包豆腐干除成型是用手工包扎外，其他操作工艺过程和规格质量要求与模型豆腐干完全相仿。浇制包布的办法：先把豆腐脑舀到小布上，接着把布的角翻起包在豆腐脑上。再把布的对角包在上面，而后顺序地把其余两只布角对折起来，包好后顺序排在平方板上，让其自然沥水，待全张平方板上已经排满豆腐干，趁热再按浇制的先后顺序，一块一块地把布全面打开，再把四只布角整理收紧。

把浇制好的豆腐干移入榨床的榨位后，先把撬棍拴上撬尾巴。压在豆腐干上面 $3\sim4$min，使泔水适量排出，待豆腐下表面略有结皮，开始收缩榨距，增加压力直至紧撬，约 15min 后，即可放撬脱榨，取去布包即为成品。

布包豆腐干因为是用手工一块一块制作的，在制坯时通过整理收紧包布，在上榨床压榨时，每块豆腐干在包布四周易于排水，所以豆腐干比较坚韧挺括，入口后更有韧劲。

3. 蒲包豆腐干

蒲包豆腐干是以蒲包代替包布或模型制成的产品，其形状呈圆形。制作技术中点脑、蹲脑、扳油和抽油与豆腐干相仿，但浇制以后工序有所不同。在浇制前，要先把蒲包浸在热的豆腐下脚泄水里，使蒲包自温提高，以免浇入的豆腐脑很快冷却，把需要量的豆腐脑加入蒲包内，然后把蒲包上缘往同一方向旋转、旋紧，压紧袋内的豆腐脑，再把上口翻剥下来压盖在旋转点上面，使蒲包固定形状，并依次放在平方板上，让其自然沥水。待平方板放满后趁热按先后次序整理收紧蒲包，在旋紧蒲包时，如果蒲包内的豆腐脑过多就取出些，少了就补足，然后第二次把蒲包中间旋转、旋紧，同样把蒲包口翻剥下来盖在蒲包上，并依次排列在平方板上。整个操作过程要快速，要使豆腐脑保持一定的温度，否则用冷豆腐脑是做不好产品的。

压榨与豆腐干基本相仿，由于蒲包孔眼较棉布稀松，所以豆腐脑很容易泄水，上榨加压要适当，以免过度，影响含水量的要求。由于蒲包豆腐干泄水较多，含水量低，产品坚实，所以在出白的开水锅里可以加微量的碱，这样经出白后的蒲包豆腐干表面微小毛粒在弱碱作用下剥落，所以一经晾干，产品就带有明显的光亮度，色泽很理想。

蒲包豆腐干色泽光亮，外表润滑，含水量低，便于保存，携带方便。

第二节　卤制豆腐干

卤制豆腐干又称卤汁豆干，是将坯料经卤汁煮制而成，富含卤汁，一般呈褐色，具有特有的风味。

一、卤汁配制与养护

卤汁参考配方 1：酱油 10kg，盐 200g，花椒 50g，草果 50g，桂皮、八角、茴香少许，配料总量占水的比例为 2%～5%。

卤汁参考配方 2：八角 30g，桂皮 30g，草果 30g，茴香 20g，山奈 30g，陈皮 3g，姜片 10g，甘草 8g，白豆蔻 10g，花椒 8g，香果 5g，配料总量占水的比例为 2%～5%。

香辛料烘干后装入纱布袋中使用，香辛料在卤制产品前需熬制 4h，风味最佳。为保证卤汁风味稳定，香辛料应平均放在若干个香辛口袋中，卤制过程先加入 4 个香辛袋，等到卤制一定时间后，再加入 1 个香辛袋，再卤制一定数量产品后，再加入一个新的香辛袋，并弃去以前一个香辛袋，再卤制一定数量产品后，再加入一个新的香辛袋，并弃去以前一个香辛袋，以此类推，周而复始。每增加新的香辛袋必须加入适量清水以保证卤汁总量恒定，防止卤汁过浓。每次卤制之前，需对卤汁采用加热煮沸的方法进行灭菌处理。

二、卤制技术

卤制是指将成型的豆腐干在卤汁中继续蒸煮，使卤汁的风味成分和颜色浸入到豆腐干中，形成豆腐干的独特风味和色泽。

1. 佘碱卤制

佘碱卤制采用食用碱，可消除豆制品的豆腥味，提高豆干质构品质。佘碱卤制的压榨时间较长，因此此方法制成的豆干比较坚韧，弹性较差。

2. 分散卤制

分散卤制是将卤汁作为磨豆配水直接进入豆腐组织中，因此这种方法卤汁浪费大，不适合大规模加工，只在家庭或小作坊中较普遍。

3. 浸渍卤制

浸渍卤制包括加热浸渍卤制和冷却两道工序。常用的卤料包括花椒、草果、桂皮、八角、茴香、香叶、甘草、陈皮、肉桂、白芷、姜片等。

豆干卤制后，不能有形状的明显改变，不能有破损，色泽均匀，口感有韧性，并且符合产品理化指标的要求。

三、各种卤豆腐干的生产

1. 香豆腐干

（1）工艺流程　制浆→点脑→蹲脑→扳汁→摊袋→浇制→压榨→煮制

（2）操作要点

① 点脑　香豆腐干用盐卤的浓度与点脑方法与模型豆腐干相仿，但凝聚的豆腐脑比模型豆腐干要适当嫩一些，有利于提高豆腐干的韧度。

② 蹲脑　同模型豆腐干，蹲脑时间控制在15min左右。

③ 扳汁　扳汁的方法也与模型豆腐干相仿，但要扳得足一些，使豆腐脑翻动大，泄水多。应用点嫩扳足的办法，使做成的香豆腐干质地坚韧，有拉劲，成品入口有嚼劲。

④ 摊袋　摊袋的方法同模型豆腐干。

⑤ 浇制　模型格子较模型豆腐干的模型格子薄，这样有利于在压榨时坯子泄水，提高香豆腐干的质地和韧劲，浇制成型的方法与模型豆腐干基本相仿。

⑥ 压榨　香豆腐干能否达到坚韧，压榨是最后一环。压榨方法与模型豆腐干相仿，但压榨要更强烈，使其坯子有较大的出水，达到产品坚韧的要求。

⑦ 煮制　香豆腐干的料汤系用茴香、桂皮及鲜汁配制而成，用料标准按每千块香豆腐干加盐 100g、茴香 2g、桂皮 75g、鲜汁 1000g 和适量的水。料汤煮开后，把香豆腐干白坯浸入料汤内，先煮沸，然后用文火煨，煨汤时间最低不能少于 20min，有条件的可以煨 1～2h。经过煨汤，香豆腐干色、香、味俱佳。煨汤的时间越长，香豆腐干的色、香、味越佳。香豆腐干具有色、香、味俱全，韧劲足，入口有嚼劲，香气浓郁，咸淡适中，鲜美可口，回味绵长的特点。

2. 酱油豆腐干

(1) 工艺流程　制浆→点脑→蹲脑→扳泔→摊袋→浇制→压榨→煮制

(2) 操作要点

① 点脑　与香豆腐干相同。

② 蹲脑　与香豆腐干相同。

③ 扳泔　与香豆腐干相同。

④ 摊袋　与香豆腐干相同。

⑤ 浇制　与香豆腐干相同。

⑥ 压榨　与香豆腐干相同。

⑦ 煮制　将压好的豆腐干放入酱油水中，酱油水的配方为每 2kg 水加 2.6kg 酱油和 0.5kg 白糖。将白豆腐干放入酱油水中煮制数分钟即成，具体煮制时间视着色情况和入味情况而定。

3. 五香豆腐干

（1）工艺流程　制浆→点脑→蹲脑→扳泔→摊袋→浇制→压榨→煮制

（2）操作要点

① 点脑　与香豆腐干相同。

② 蹲脑　与香豆腐干相同。

③ 扳泔　与香豆腐干相同。

④ 摊袋　与香豆腐干相同。

⑤ 浇制　与香豆腐干相同。

⑥ 压榨　与香豆腐干相同。

⑦ 煮制　汤系由五香料（八角 240g，花椒 240g，茴香 320g，陈皮 160g，桂皮 640g）1600g、食盐适量、酱油适量等熬制而成。将压好的豆腐干放入汤系卤汤中，煮后晾干，反复煮制 3h 后，每次煮制时间不低于 20min。

4. 鸡汁豆腐干

（1）工艺流程　制浆→点脑→蹲脑→扳泔→摊袋→浇制→压榨→煮制

（2）操作要点

① 点脑　与香豆腐干相同。

② 蹲脑　与香豆腐干相同。

③ 扳泔　与香豆腐干相同。

④ 摊袋　与香豆腐干相同。

⑤ 浇制　与香豆腐干相同。

⑥ 压榨　与香豆腐干相同。

⑦ 煮制　汤系由酱油、老母鸡汤、生姜、大葱、八角、花椒、茴香、芝麻油、丁香、肉桂、白豆蔻等熬制而成。将压好的豆腐干放入汤系中，煮制 30 分钟后晾干。

5. 湘派豆干

（1）工艺流程　制浆→点脑→蹲脑→扳泔→摊袋→浇制→压榨→卤汁调配→卤制→配制辣椒油→调味

（2）操作要点

① 点脑　与香豆腐干相同。

② 蹲脑　与香豆腐干相同。

③ 扳泔　与香豆腐干相同。

④ 摊袋　与香豆腐干相同。

⑤ 浇制　与香豆腐干相同。

⑥ 压榨　与香豆腐干相同。

⑦ 卤汁调配　卤料：茴香 20g，八角 20g，香果 10g，草果 10g，山奈 4g，砂仁 5g，白芷 3g，桂皮 10g，香叶 2g，甘草 5g，白豆蔻 2g，花椒 1g，加入 10kg 水。高汤：筒子骨 100～150g，大葱 20g，姜 15g，加入 1kg 水。配料：食盐、食用油、香精香料等。将筒子骨煮制数个小时，得高汤，然后将卤料放入高汤中，大火煮沸 20min 后，改文火煮制 2h，得卤汁。

⑧ 卤制　将压好的豆腐干放入卤汁中，煮制 2h 后晾干。

第三节　熏制豆腐干

熏制豆腐干加工中有一道特殊的烟熏工艺，熏料一般是由红糖（或土糖）、木屑及水组成，其大致比例为 4：2：3。熏制时先将炉底烧红，然后将待熏坯料在炉内摆好，在炉底均匀撒上熏料，立即关闭炉门，使产品充分烟熏。熏制豆腐干一般表面呈茶褐色，具有特殊的烟熏香气。

一、生产工艺

除杂→清洗浸泡→磨浆→滤浆→煮浆→点浆→蹲脑→破脑→上包→压榨→划坯→出白→分切→泡盐拉碱→烟熏→冷却

二、操作要点

（1）大豆制成豆腐干　其操作与白豆腐干加工工艺相同。

（2）分切 将豆腐干白坯切成长 6cm、宽 2cm 的长条块。

（3）泡盐拉碱 在盐水池内浸泡 10min 后捞出，放入专用的铁筐中，将铁筐与豆腐干白坯一同放入浓度为 1%、温度为 50～60℃的碱水中浸泡约 5min，待坯料表面出现光滑面后，立即将筐提出，并在通风处使其水分自然蒸发，待坯子表面光滑发亮后即可熏制。

（4）烟熏 熏干一般需熏制 15～20min，中间需将坯子翻倒一次，以使两面熏制均匀。

三、注意事项

① 高质量的熏制豆腐干有松木的香味，熏制颜色均匀，规格统一。

② 高质量的熏制豆腐干色泽为棕褐色，质地光滑，有嚼劲。

四、各种熏制豆腐干的生产

1. 熏干

（1）原料配方 干豆腐 100kg，酱油 2kg，盐 1kg，纯碱 0.3kg。

（2）操作要点 将豆腐干白坯切成 8cm×3cm 的长条，在盐水池内浸泡 15min 后捞出，放入浓度为 1%、温度为 50～60℃的碱水中浸泡约 8min，待坯料表面出现光滑面后捞出，并在通风处使其水分自然蒸发，待坯子表面光滑发亮后即可熏制。熏干一般需熏制 20min。

2. 熏素肠

（1）原料配方　干豆腐 100kg，食油 8kg，酱油 2kg，盐 1kg，葱 2kg，生姜 0.5kg，花椒粉 0.1kg，味精 1.5kg，芝麻油 0.2kg，纯碱 0.3kg。

（2）操作要点　取 60kg 干豆腐切成 10cm×2cm 的窄条，投入碱水锅中煮至发黏，捞出用清水洗净，加入调味料拌成馅。取 40kg 干豆腐切成 28cm×2cm 的长方形薄片作肠衣。用肠衣把馅包成肠状，两端绑紧，投入盐水锅中煮好捞出，送入熏炉中熏制 5～10min，出炉后在表面涂上芝麻油或熟豆油即为成品。

第四节　腐竹

腐竹是另一种用大豆制作的食品，日本人称之为豆乳片，在中国也叫豆腐皮。腐竹是由煮沸后的豆浆经一定时间的保温，浆面产生软皮，揭出烘干而成。腐竹类的制品有腐竹、油皮等。

一、生产工艺

原料→筛选→浸泡→磨制→分离→煮浆→成型→烘干→回软→包装

二、操作要点

腐竹类的加工，与豆腐及豆腐制品的主要区别是腐竹类制作不需添加凝胶剂点脑，只是将豆浆中的大豆蛋白膜挑起干燥制成。腐竹是由煮沸后的豆浆，经一定时间保温，表面产生软皮，挑出后下垂成枝条状，再经烘干回软而成。其生产原理是当煮熟的豆浆保持在较高的温度条件下时，一方面豆浆表面的水分不断蒸发，表面蛋白质浓度相对增高；另一方面蛋白质胶粒获得较高的内能，运动加剧，这样使得蛋白质胶粒间的接触、碰撞机会增加，副价键形成容易，聚合度加大，以致形成薄膜，随时间的推移，薄膜越结越厚，到一定程度揭起烘干即成腐竹。

1. 制浆

制浆包括原料筛选、浸泡、磨制、分离、煮浆等过程，与豆腐生产基本相同，只是对豆浆的浓度有一定的要求。腐竹生产用豆浆的浓度控制 6.5～7.5°Bé 为好。豆浆过稀则结皮慢，耗能多；豆浆过浓，颜色灰暗，会直接影响腐竹的质量。

2. 成型

煮沸后的豆浆，放入腐竹成型锅内挑竹。成型锅是一个长方形浅槽，槽内每 50cm 有一格板，格板上隔下通，槽底和四周是夹层，用于通蒸汽加热。放豆浆时只放 2cm 深的豆浆，豆浆放好后，开蒸汽加热，使豆浆温度保持在 82℃左右；豆浆经过保温后，部分水分蒸发，起到浓缩作用，表层与空气而凝结成豆皮，待 7～8min 后可开始挑皮，用小刀把每格的软皮切成 3 条后挑起，使其自然下垂，呈卷曲立柱形，挂在竹竿上进行烘干。一般可挑 16 层软皮，前 8 层为一级品，9～12 层为二级品，13～16 层为三级品。剩余的稠糊状物，在成型锅内摊制成 0.8mm 的薄片，从锅内铲出，成型锅内再放豆浆。如此循环生产，完成腐竹的成型工艺。

3. 烘干

腐竹成型后，需要马上烘干。腐竹烘干的方法有两种，一种是采用煤火升温的烘房烘干，另一种是以蒸汽为热源的机械烘干，适用于大生产和连续作业。不论采用什么方法，都应该较准确地掌握烘干的温度和烘干时间。烘干温度一般掌握在 74～80℃，烘干时间为 6～8h。湿腐竹每条重 25～30g，烘干后每条重 12.5～13.5g，烘干后腐竹含水量为 9%～12%。

4. 回软

烘干后的腐竹如果直接包装，破碎率很大，所以要
回软。即用微量的水进行喷雾，以减小脆性。这样既不
影响腐竹的质量，又提高了产品外观，有利于包装，并
减少破碎率。但要注意喷水量要小，一喷即过。

成品腐竹外观为浅黄色，有光泽，枝条均匀，有空
心，无杂质。

近年来，有些腐竹加工厂在豆浆中按每 1kg 加入蛋
氨酸 5g、甘油 30～40g，以改进氨基酸的配比，从而改
善腐竹的性能，以免腐竹产品破碎，提高耐贮性和
产量。

第五节　千　张

千张是高质量的白豆腐片，经精细加工而成。
由于在特质工具内层层压制，出品时候看起来有千
百张叠加在一起而被称为"千张"，也称为百叶，在
我国东北地区称为干豆腐。产品含水量一般为
45%～60%，其蛋白质含量为 19%～34%。产品有
韧性，有柔软感，形若绸布。将千张切丝、打结、
烧汤或者凉拌均可。

一、生产工艺

1. 手工制千张工艺流程

制浆→点脑→浇制→压榨→脱布

2. 机械制千张工艺流程

制浆→点脑→蹲脑→破脑→浇制→压榨→脱布

二、注意事项和质量控制

1. 手工制千张

① 点脑　千张的豆浆浓度要低一些，磨糊要稀，或在熟浆里加入相当于豆浆 1/4 的水，以降低豆浆浓度和温度，便于浇制。点脑是采用石膏作凝胶剂，同做豆腐一样用冲浆的方法，但温度要控制得低一些，一般掌握在 60～65℃。

② 浇制　将千张箱套放置在千张底板上，另一个人协助把千张布摊于箱套内，布要摊得四角平整，不折不皱；浇制时用中铜勺舀起缸内豆腐脑，再用小铜勺把中铜勺内的豆腐脑搅动两三下，打碎豆腐脑，再均匀地浇在箱套内的千张布上。要浇得厚薄均匀，四角齐全，随后把千张布的四角折起来，盖在豆腐脑上，一张千张即浇制而成。

③ 压榨　把浇制好的千张移到榨位上，先将撬棍

压在千张上，再把撬尾巴拧在撬棍上。荡 3～5min，再逐步收撬眼加压，约 10min 后，把千张箱套全部脱去，再把底部约 30 张的千张翻上，然后加压紧撬近 20min，压榨的全过程约 30min。

④ 脱布　先将盖布四角揭开，再将布的两对角处拉两下，使千张与布松开，剥起千张的一角，然后把布翻过来，一手掀住已剥起的千张一角，一手将布从千张上徐徐剥下即可。

这样制得的千张，全张完整，不破不碎，无裂纹，无石膏残留，含水量不超过 50%，蛋白质含量不低于 37%。产品色泽黄亮，薄如纸张，拉力很强，宜于包菜打结，入口软糯，营养丰富，携带方便，易于保存。

2. 机械制千张

① 点脑　机械制千张，出于浇制工艺不同，豆浆浓度控制在 7.5～8°Bé，点脑是用 12°Bé 的盐卤作凝胶剂。点浆时，卤条约为赤小豆粒大小，随着铜勺的搅动，当豆浆中呈大豆样豆腐脑翻上来，到缸里见不到豆浆时，可停止点卤和铜勺的翻动，同时，也应在浆面加些盐卤。

② 蹲脑　点脑后蹲脑 10～12min，然后开缸，用葫芦深入缸内搅动 1～2 次，静置 3～5min，适量吸出黄浆水即可破脑。

③ 破脑　为适应机械浇制千张，必须用工具把豆腐脑全部均匀地搅碎；把破脑机头插入缸内转动，将豆

腐脑打成米粒大小时就可以浇制。

④ 浇制　在浇制时要把缸内的豆腐脑不停地旋转搅动，目的是不使豆腐脑沉淀阻塞管道口以及造成豆腐脑厚薄不均匀的现象。豆腐脑也随即通过管道浇在千张的底布上，然后盖上盖布。经过钢丝网带输送，让豆腐脑内的水自然流失，使含水量有所减少。

⑤ 压榨　折叠后的千张，自身重力沥水约 1min，再摊入压榨机内轻压 1～2min。待水分稍许泄出后加大压力，压榨 6min 左右，其含水量达到质量要求，即可放压脱榨。

⑥ 脱布　即剥千张。可通过脱布机滚动毛刷的摩擦作用，使千张盖布和底布脱下来，千张随同滚筒毛刷剥下来，通过剔次整理，即为成品。

第五章

其他豆制品
生产

第一节 特色豆腐

一、韧豆腐

1. 原料

大豆 500g，盐卤 40～50g。

2. 制法

（1）将选好的大豆放入凉水中浸泡 12h 左右，净后磨成细浆。

（2）将细浆用豆包布过滤（豆渣另用），盛入锅内。

（3）点浆方法与豆腐干相同。点浆时浆温控制在 75℃左右，凝固剂可用 25°Bé 盐卤加水冲和到 8～9°Bé，即边滴卤边搅动豆浆，使豆浆上下翻动直至豆腐花呈豆瓣状，停止点卤和搅动，然后在豆腐花上洒少量盐卤。

（4）蹲脑时间一般控制在 20min 左右，使都将充分凝固。用勺子在豆腐脑中上下翻动，直到废水大量泄出，豆腐花全部下沉为止，然后再舀净豆腐花上的黄浆水。

（5）用 70cm×70cm 的平木板作底板和木板上放压

坯子用 50cm×50cm×6cm 小套模，将豆腐包布铺在套模上，用瓢将豆脑舀入铺好包布的套模内，脑要上平，再将包布拢好包严，并用瓢使劲压一下，使包不散开，然后取下套模，即成。

（6）一般在坯子温度 60℃ 左右进行切块，若坯子过冷刀口不直，会有毛粒，影响外观。切块的大小、形状可根据市场消费需要或再加工成其他产品而定，如小方块、三角形、长条形或大方块等各种。

二、鸡蛋豆腐

1. 原料

大豆 500g，鸡蛋 200g，葡萄糖酸内酯 1500g，消泡剂 1000g。

2. 制法

（1）将选好的大豆放入凉水中浸泡 12h 左右，净后磨成细浆。

（2）将细浆用豆包布过滤（豆渣另用），盛入锅内。

（3）添加鸡蛋，加火煮沸，改为小火，保持 2～4min。

（4）放置豆浆冷却到 30℃ 以下，将葡萄糖酸内酯用 1.5 倍温水溶解后徐徐倒入豆浆中，慢慢搅匀，待豆浆呈半凝固状时，停止搅动，令其静置凝固。

（5）约几分钟后，豆浆凝结，舀出表面清汁（又称膏水），将凝结的豆花用豆包布包起，摊放在簸箕内，压上木板，约 1h 后，即成嫩豆腐块。

三、老豆腐

1. 原料

黄豆豉 500g，芝麻酱 100g，腌韭菜花 5g，酱豆腐 1 块，酱油 150g，辣椒油 25g，蒜 50g，精盐 10g，熟石膏粉 25g。

2. 制法

（1）将黄豆豉制成浆汁（500g 豉以出浆汁约 3000g 为宜），再用熟石膏汁将豆汁点成老豆腐。

（2）芝麻酱内加入精盐，并陆续加入凉开水 150g 调匀；蒜去、皮洗净，加少许精盐，将其砸成蒜泥，再加入少许凉开水调成蒜汁；将酱豆腐用凉开水调稀。

（3）食用时，将老豆腐盛在碗内，浇上芝麻酱、酱豆腐汁、酱油、辣椒油、蒜汁，再放上腌韭菜花即成。

四、菜卤豆腐

1. 原料

豆腐（老豆腐）2 块，雪菜卤 100g，精盐 1.5g，味精少许。

2. 制法

（1）将老豆腐切成约 3cm 见方的块，在炒锅内垫上小竹箅，放入水煮沸，加盐，再放入老豆腐，将锅移至小火上，待老豆腐煮至出现蜂窝状时，捞出，沥干水。

（2）将雪菜卤用纱布滤净、煮沸，撇去浮沫，加入煮过的老豆腐，再煮约 30min（为避免煮干雪菜卤，可加适量水），加味精即成。出锅后盛入碗中（喜欢吃蒜和辣椒的，食用时可加蒜泥或辣酱，味更佳）。

五、菜豆腐

1. 原料

大豆 500g，大米 100g，浆水适量，时鲜蔬菜 100g，咸菜 20g，精盐 10g，辣椒油 10g，味精 5g，醋少许。

2. 制法

（1）先制作浆水。将 250g 芹菜洗净，入沸水中烫蔫，捞出后放在干净、无油的盆内，再加温开水加盖后放在温暖的地方，2～3 天后即成酸香浆水，即可用来点豆腐。

（2）将选好的大豆入凉水中浸泡 12h 左右，净后磨成细浆；再将细浆用豆包布过滤（豆渣另用），盛入锅内，加火煮沸，改为小火，徐徐倒入浆水（豆浆与浆水的比例为 25∶1），慢慢搅匀，待豆浆呈半凝固状时，停止搅动；令其静置凝固。约几分钟后，豆浆凝结，舀出表面清汁（又称膏水），将凝结的豆花用豆包布包起，摊放在簸箕内，压上木板，约 1h 后，即成嫩豆腐块。

（3）将豆渣加水，过滤出稀豆浆；将豆浆和膏水放入锅内，加入适量大米，煮成粥。将做好的嫩豆腐切成小片，放入粥内，即为豆腐粥。食时，盛入碗内撒上焯过的菜码、咸菜末，淋上辣椒油、精盐、味精等，就成了酸、辣、鲜、香的菜豆腐粥。菜豆腐亦可做成其他菜食用。

六、营养强化豆腐

1. 原料

大豆 500g，大豆卵磷脂 1.5g，乳化剂 2.5g，维生素 E 2g，硫酸钙 12g。

2. 制法

（1）将选好的大豆放入凉水中浸泡 12h 左右，洗净后磨成细浆。

（2）将细浆用豆包布过滤（豆渣另用），盛入锅内。

（3）将大豆卵磷脂、乳化剂、维生素 E 中加适量水，混合均匀，并加入豆浆中。

（4）放置豆浆冷却到 60～80℃，将硫酸钙用 4 倍温水溶解后徐徐倒入豆浆中，慢慢搅匀，待豆浆呈半凝固状时，停止搅动，令其静置凝固。

（5）约几分钟后，豆浆凝结，舀出表面清汁（又称膏水），将凝结的豆花用豆包布包起，摊放在簸箕内，压上木板，约1h后，即成嫩豆腐块。

七、猪血豆腐丸子

1. 原料

大豆 500g，猪血 100g，精瘦肉、生姜、香葱、食盐、味精、五香粉适量。

2. 制法

（1）先制作豆腐，其方法与普通豆腐制作方法相同。

（2）将猪血过滤，加入 0.8％食盐。

（3）把精瘦肉切碎，生姜切成末，香葱切碎后与食盐、味精、五香粉混合均匀后加入制作好的豆腐与猪血，充分混匀。

（4）用手捏成丸子形状，在清水中煮沸 5min 后即可食用。

第二节　油炸豆腐

油炸豆腐是白豆腐经油炸熟后制成的。其色泽金黄，皮酥香，内起泡，风味别具，是膳食中的方便佐餐，其主要特点是脂肪含量高，水分少，较耐贮存。

一、油炸豆腐生产

1. 工艺流程

制熟浆→点浆→蹲脑→破脑→浇制→压榨→切块→过油→成品

2. 操作要点

（1）**制熟浆**　其方法与制作豆腐相同。但浆的浓度较低，加水量为原料大豆的 10 倍左右。为使油豆腐炸时能起泡，必须在熟浆中加 10% 的冷水。

（2）**点浆**　点浆时浆温控制在 75℃ 左右，凝固剂可用 25°Bé 盐卤加水冲和到 8～9°Bé，点浆方法与豆腐干相同。即边滴卤边搅动豆浆，使豆浆上下翻动直至豆腐花呈豆瓣状，停止点卤和搅动，然后在豆腐花上洒少量盐卤。

（3）**蹲脑和破脑**　蹲脑时间一般控制在 5～10min，然后破脑。破脑时用铜勺在豆腐脑中上下翻动，直到废水大量泄出，豆腐花全部下沉为止，然后再舀净豆腐花上的黄浆水（目的是使油豆腐发透发足）。

（4）**浇制**　主要为制作油炸豆腐制豆腐坯的。手工操作需要 70cm×70cm 的平木板作底板和木板上放压坯子用 50cm×50cm×6cm 小套模，将豆腐包布铺在套模上，用瓢将豆脑舀入铺好包布的套模内，脑要上平，再将包布拢好包严，并用瓢使劲压一下，使包不散开，然后取下套模，这块豆腐坯即成，其他依此类推。

（5）**压榨** 浇制后要进一步挤出水分，油豆腐坯子不宜压得太干，水分太少油炸时发不透，水分多则油炸时耗油多。标准的油豆腐坯子水分掌握在豆腐和豆腐干之间，约压 15min 即可，视情况而定。

（6）**切块** 切块一般在坯子温度 60℃左右进行，若坯子过冷刀口不直，会有毛粒，影响外观。切块的大小、形状可根据市场消费需要或再加工成其他产品而定，如小方块、三角形、长条形或大方块等各种。

（7）**过油** 待坯子冷却后过油，油温根据豆腐坯子老嫩而定，新鲜的嫩坯，油温宜高，一般 150~160℃；经过晾放的老坯，水分已经抽出一部分，油温宜低，一般 145~150℃。若油温太高，坯子进锅后会马上结皮，不易发泡，成实心豆腐块。坯子入油锅后，待全部漂起，外壳发硬，呈金黄色时，捞出沥油。即为油豆腐成品。

二、油炸豆腐的主要分类

1. 按油炸介质不同分类

油炸方式按照油炸介质不同可分为纯油油炸和水油混合油炸。家庭作坊式多数为纯油油炸，工业上大规模生产多采用水油混合油炸方式。

2. 按油炸压力分类

油炸方法按照油炸压力的不同分为常压油炸、高压油炸和减压油炸。

（1）常压油炸　最常用的油炸方法，操作最简单，即利用敞口锅来进行油炸。常压油炸的豆腐营养物质损失较大。

（2）高压油炸　即利用高压锅进行油炸的方法，这种油炸方法油炸温度高，因此水分挥发少，产品具有外酥里嫩的口感。

（3）减压油炸　即真空油炸，这种油炸方法能够最大程度保持产品的颜色、香味及稳定性，并且营养成分损失较少，产品含水量低。

3. 按油炸程度分类

油炸方法按照油炸程度的不同分为浅层油炸和深层油炸。

（1）浅层油炸　家庭作坊式油炸方法，在大规模工业生产中不常用。此油炸方法主要适合表面积较大的食品，例如饼类、片类食品。

（2）深层油炸　大规模工业生产常用的一种油炸方式，适用于各种形状食品的油炸。

4. 按油炸预处理分类

根据原料是否经过预处理和预处理的不同，分为清炸、干炸、软炸、酥炸等油炸方式。

第三节 大豆饮料

一、蜂蜜豆乳

1. 工艺流程

大豆→筛选→脱皮→浸泡→灭酶→粗磨→过滤→精磨→过滤→真空脱臭→调制→均质→半成品豆乳（加砂糖、蜂蜜、葡萄糖、复合稳定剂）→调配（加酸味剂、果汁、混合香料等）→杀菌→二次均质→灌装→二次杀菌→冷却→贴标→检验→成品

2. 操作要点

(1) 筛选 用大豆清选机清除大豆中混杂物（石块、土块、杂草、灰尘等）。

(2) 脱皮 大豆先在干燥机中通入 105～110℃ 的热空气，进行干燥，处理 20～30s，冷却后用脱皮机脱皮，可防豆腥味产生。

(3) 浸泡 用大豆质量 2～3 倍的 40℃ 水浸泡脱皮大豆 2～3h。浸泡水中加入 0.1%～0.2% 碳酸氢钠，以改善豆奶风味。

(4) 灭酶、粗磨　浸泡好的大豆经二次清水冲洗后，使其在 90～100℃ 温度下停留 10～20s，以钝化脂肪氧化酶。然后立即进行第一次粗磨，加水量为大豆质量的 10 倍，滤网为 60～80 目。再行二次粗磨，加水量为大豆质量的 5 倍，滤网为 80～100 目。两次分离的浆液充分混合，进入下道工序。

(5) 精磨　混合浆液通过胶体磨精磨后，即得较细豆乳。

(6) 真空脱臭　精磨分离所得豆乳入真空罐脱臭，真空度控制在 26.6～39.9kPa。

(7) 调制　脱臭后的豆乳添加一定量乳化剂、2% 植物油、0.1% 的食盐等进行调配。

(8) 均质　调配好的原料经高压均质机处理，均质压力控制在 17.7～19.1MPa，即得状态稳定、色泽洁白、豆香浓郁的半成品豆乳。

(9) 酸溶液配制　将酸味剂、果汁、混合香料用适量水化开，配制成酸溶液。

(10) 糖浆豆乳混合液制备　砂糖加定量水加热溶化，并过滤，除去杂质，然后与复合稳定剂溶液、葡萄糖、蜂蜜充分混合后加入半成品豆乳溶液中，混合均匀，即得糖浆豆乳混合液。

(11) 调配　将糖浆豆乳混合液在快速搅拌下缓慢加入酸溶液中，混合均匀。

(12) 杀菌　在 135℃ 条件下，瞬时杀菌 4～6s。

(13) 二次均质　瞬时灭菌后的料液再一次进行高

压均质，条件为70℃，压力22.5MPa。

（14）二次杀菌　灌装后第二次杀菌，可采用95℃、20min常压杀菌，也可采用115℃、10min高压杀菌，反压冷却法。

二、橘汁豆乳

1. 工艺流程

大豆→挑选除杂→浸泡→钝化→粗磨→浆渣分离→高温处理→加热辅料→包装→成品

2. 操作要点

（1）纯豆乳的制作　称取1kg已经挑选和除杂的大豆，加入0.5%碳酸氢钠溶液1.5～2L，于室温下浸泡若干小时（夏天6～8h，冬天18～20h），然后倒去浸泡液，并用自来水洗净沥干。用80～90℃的热水进行烫漂1～1.5min，再加入2～3L、80～90℃的热水，放入砂轮磨进行第一次粗磨。分离出的豆渣可加入2L热水再磨一次，最后用热水补足到6.5～7L，再浆渣分离，最好再用胶体磨进行第二次细磨，便可得无豆腥味的鲜豆乳。再经蒸煮杀菌（100℃）30min左右，冷却至5～10℃备用。

（2）稳定剂的配制　0.2%～0.5%（以成品质量计）的低甲氧基果胶（CM）或羧甲基纤维素（CMC），加入少许白糖混合均匀，再加入少量的温水，注意边搅拌边加入，使之慢慢溶化，最后加足水量，加热使全部果胶或羧甲基纤维素溶化，煮开数分钟，冷却至 5～10℃备用。

(3) 橘汁的配制　1 份橘酱与 8 份水混合均匀，用柠檬酸钠溶液调节橘汁 pH 值至 4.0～4.5，煮开数分钟，冷却至 5～10℃备用。

(4) 橘汁豆乳的调制　将 5～10℃的稳定剂倒入到 5～10℃的豆乳中，在剧烈搅拌条件下，慢慢加入 5～10℃的橘汁，待搅拌均匀后即可灌装封盖（本工序必须在无菌室进行）。

三、塑料杯豆奶

1. 工艺流程

脱皮→酶钝化→制浆→调制→杀菌→灌装封口→二次杀菌→恒温检测→装箱

2. 操作要点

(1) 脱皮　用手推石磨或机械将大豆脱皮，筛去豆皮和部分胚芽，脱皮率要求达到 95%，脱皮损失率控制在 13% 以下。

(2) 酶钝化　酶钝化可脱除豆腥味，主要采用高温蒸汽钝化，将容器瞬间直接加热到 140～150℃，经 30s 完成灭酶操作。

(3) 制浆　将钝化后的大豆加入豆浆消泡剂，在

80～85℃热水中用磨浆法研磨 3 次；第一次用钢磨，加入大豆 3 倍重的热水，研磨；第二次再加入 2 倍的热水，用砂轮磨成豆糊；第三次再加入大豆 2 倍重的水进行超微磨。经过微磨后豆糊中 95％的固形物可通过 160 目离心机分离进入豆浆中。

(4) 调制 用大豆 70kg 磨得豆浆 800kg，加入白砂糖 40kg、甜蜜素或蛋白糖 1.2kg、豆奶乳化稳定剂 0.3kg、香兰素 100g、乙基麦芽酚 15g、黄原胶 300g、脱脂奶粉 5kg、碳酸钙 1.0kg 和各种需要的维生素，适量加水调至成 1000kg 豆奶。配制好的豆奶经过均质机处理稳定性会更好。

(5) 杀菌 一次杀菌可采用高温瞬时灭菌器 135～140℃进行杀菌操作。

(6) 灌装封口 杀菌后的豆奶按照 0.02％的比例加入对羟基苯甲酸丙酯等混合型中性防腐剂，利用全自动或手动封杯机进行封口，控制好操作时的卫生程序。若采用无菌包装系统，可以用 35％双氧水雾剂对杯内壁和盖膜杀菌，无须二次杀菌操作。

(7) 二次杀菌 非无菌包装的塑料杯豆奶必须经过二次杀菌，通常采用常压 90～95℃，25min 水浴灭菌。如果用冷水冷却豆奶应留有 45～50℃余温，以便挥发杯外壁残留水分。恒温检验装箱生产的成品必须置于 (35±2)℃恒温库中存放 12h，或夏季室温 20℃以上存放 48h。如果没有分层、胀气等变质现象，才能装箱出厂。

四、速溶豆浆粉

1. 工艺流程

浸泡→制浆→煮浆→浓缩→喷雾干燥

2. 操作要点

(1) 浸泡 洗净后的黄豆加入黄豆重量 4 倍的水浸泡。浸泡液的 pH 值在 6.5~7.0 之间,浸泡时间视气温而定,春秋季节浸泡 10h 左右,夏天浸泡 6h 左右,冬天则浸泡 18h 左右。至黄豆充分吸水为止,并且控制水面不起泡沫。

(2) 制浆 把浸泡好的黄豆,用清水冲洗沥干,再按黄豆与水 12:8 的比例配好,用砂轮磨浆,使可溶黄豆蛋白随水流出。再用离心机过滤流出的浆液,去掉其中渣滓,在豆浆中加入适量的油脂消除泡沫,然后进行再次过滤,过滤至渣滓中的水分不高于 80%,蛋白质含量低于 2% 为止。

(3) 煮浆和浓缩 主要目的是杀菌,消除豆浆中的有害物质。直接加热煮浆的办法是将豆浆加热至 95℃,煮 10~15min 即可。在真空度为 90~92kPa 的条件下浓缩豆浆,至蛋白质含量为 14% 左右为宜。

(4) 喷雾干燥 将已浓缩好的豆浆,用高压泵在 150MPa 的压力下通过直径为 0.8mm 的喷嘴,喷入干燥塔,去掉多余的水分,使成品的水分含量在 2% 左右，制成豆浆粉，然后包装。

五、豆乳粉

目前，根据豆乳制备方法的不同，豆乳粉的生产方法主要有3种，即半干湿法、湿法和干法。以下介绍常用的半干湿法和湿法。

1. 工艺流程

（1）半干湿法生产工艺流程

大豆→清洗除杂→干燥脱皮→灭酶→粗磨浆→细磨浆→浆渣分离→加入豆乳配料→杀菌→真空浓缩→均质→喷雾干燥→包装→成品

（2）湿法生产工艺流程

大豆→筛选→干燥脱皮→浸泡→磨浆→浆渣分离→配料→杀菌→真空浓缩→均质→喷雾干燥→包装→成品

2. 操作要点

（1）豆乳制备

① 半干湿法生产工艺

a. 清洗除杂、干燥脱皮　清洗除杂后的大豆先在干燥机中通入105～110℃的热空气，进行干燥，处理20～30s，冷却后用脱皮机脱皮，可防豆腥味产生。

b. 灭酶　将脱皮大豆进行加温加压处理使酶钝化，并加入一定量的碱液使大豆软化。灭酶蒸汽压力为

$0.2\sim0.4$ MPa，碱水温度控制在 $70\sim75$℃，热水温度控制在 $80\sim85$℃。碱液（$NaHCO_3$）用量为所处理大豆量的 $0.5\%\sim1\%$，用量多少以分渣后浆体的 pH 值在 $6.7\sim6.8$ 为准。

c. 粗磨浆　采用牙板磨作粗磨机可大大提高磨浆效率，且牙板磨故障少，使用寿命长。粗磨要用 80℃以上的热水，用水量以分渣后豆乳浓度在 $8\%\sim10\%$ 之间为宜。磨浆用水不可过多，否则豆乳浓度低、浆量多，延长浓缩时间。

d. 细磨浆　即采用胶体磨细磨，使粗磨后的豆乳进一步细微化，更利于大豆蛋白的提取。

e. 浆渣分离　大规模生产采用滗析式分离机分渣，较小规模生产可用豆浆分离机进行分渣。用豆浆分离机进行分渣时，采用 $130\sim150$ 目筛网较合适。最好采用两台分离机交替使用，以便间歇清洗。半干湿法是目前国内常用的方法。

② 湿法生产工艺

a. 筛选、干燥脱皮、浸泡　用大豆清选机清除大豆中混杂物（石块、土块、杂草、灰尘等）。然后干燥机中通入 $105\sim110$℃的热空气，进行干燥，处理 $20\sim30$s，冷却后用脱皮机脱皮，可防豆腥味产生。用大豆质量 $2\sim3$ 倍的 40℃水浸泡脱皮大豆 $2\sim3$h。浸泡水中加入 $0.1\%\sim0.2\%$ 碳酸氢钠，以改善豆奶风味。

b. 磨浆　磨浆前先将浸泡好的大豆用水洗净。为钝化脂肪氧化酶，防止豆腥味产生，采用温度 $80\sim$

85℃热水磨浆。磨浆时保持温度恒定可提高大豆蛋白的回收率，也可将第一次分离的豆渣再进行加水复磨及分离，但总用水量应控制在大豆量的 8 倍左右。

c. 浆渣分离　浆渣分离温度控制在 45～80℃时有利于提高豆乳的固形物含量。豆乳的固形物含量一般要求在 8％～10％。豆渣可进行二次提取，以提高大豆蛋白的回收率。

大豆经上述工艺处理后即得纯豆乳，纯豆乳可用来生产调制豆乳、豆乳饮料和豆乳粉。

（2）配料　对于甜豆乳粉，一般在豆乳粉中添加 30％～40％的砂糖和 10％的饴糖（以干物质计）。其他配料如无机盐、微量元素和维生素的加入，主要视配方要求和热敏性特点，在杀菌前或杀菌后加入。配料的主要内容和关键在于加糖，将豆乳单独加热并真空浓缩，在浓缩结束时，将浓度为 65％的砂糖溶液（预先在 80℃以上的温度下加热 10～15min 并冷却到 60～70℃）吸入浓缩器与豆乳混合。大豆蛋白是热敏性很高的物料，为了充分灭菌和防止浓缩时黏度过高，以采用浓缩结束时加糖为好。对于淡粉则要添加一定的鲜牛乳或乳粉，添加量为 20％～40％（以干物质计）。

（3）杀菌　豆乳的加热杀菌既要杀灭豆乳中的微生物又要破坏残留酶类及部分抗营养因子，同时还要尽量使大豆蛋白质不变性，因而要严格控制杀菌工艺条件。板式杀菌器杀菌时，温度为 95～98℃，保温 2～3min；超高温杀菌器杀菌时，温度为 130～150℃，保温 0.5～4s。

（4）**真空浓缩** 豆乳的浓缩是采用加热的方法使豆乳中的一部分水分汽化排出，从而提高豆乳中的干物质的含量。为减少豆乳中的营养成分的损失，有利于喷雾干燥时豆乳粉形成大颗粒，一般采用减压蒸发，即真空浓缩。由于豆乳本身黏度大，在一般情况下，豆乳浓缩过程其固形物含量很难超过15%。在豆粉生产中浓缩物干物质含量是造粒的基础。在浓缩过程中降低豆乳黏度，提高豆乳干物质含量是关键问题。因此要找出浓缩罐最佳工作蒸气压和真空度，使物料尽快达到适宜浓缩终点。保温可以稳定浓豆乳的黏度，有利喷雾，温度保持在55～60℃为宜。加热浓缩的条件及影响因素如下。

① 加热温度和真空度 豆乳浓缩可在温度50～55℃、真空度80～93kPa的条件下进行。豆乳浓缩工艺完成后应迅速降温，否则会延长受热时间，使豆乳黏度增加。

② pH值 浓缩中由于浓度增大，黏度也增大，当pH值为4.5时浓缩物的黏度最大，但pH值偏碱性时黏度又会上升，同时会使产品色泽灰暗、口味差。当豆乳pH值为6.5时，主要蛋白质溶出量最高，可达85%。因而在煮浆前用10%的氢氧化钠调节豆乳pH值在6.5～7.0之间比较合适。

③ 豆乳浓度 豆乳浓度越高，黏度越大，所以随着浓缩的进行豆乳的黏度会不断升高。当固形物含量由5%升至15%时，黏度增加缓慢。当固形物含量超过

15％后，黏度迅速上升，这时浓缩速度降低，豆乳流动性很差。为提高喷雾干燥的浓度，需降低豆乳黏度，以达到浓缩终点固形物含量为 21％～22％为宜。

④ 加糖法　生产加糖豆乳粉（甜粉）一般都在浓缩时加糖，糖的加入会明显增加豆乳的黏度，影响水分蒸发，延长浓缩时间。同时由于糖的加入使浓豆乳的沸点升高，因而需提高温度。为防止这种情况的出现，应将糖在豆乳浓缩结束时加入。

⑤ 其他物质　半胱氨酸、维生素 C、亚硫酸盐及蛋白酶的存在，均可破坏大豆蛋白的二硫键或将蛋白质水解成相对分子质量较小的肽，从而降低蛋白质的黏度。亚硫酸钠还原性强，添加亚硫酸钠可防止蛋白质的褐变。另外，在气温升高时，生豆乳在未进入下一道工序之前由于微生物及大豆酶的作用会发生蛋白质沉淀析出现象，加入亚硫酸钠还可以防止这种现象的产生。

(5) 均质　均质可以降低黏度，使凝集的蛋白质颗粒破碎变成细小颗粒，并可使脂肪球破碎变小，有利于提高粉的溶解度和吸收率。

(6) 喷雾干燥　浓豆乳中 80％左右的水分将在喷雾干燥中除去。用离心式喷雾器喷雾，要掌握好喷雾温度，进风温度为 145℃时，排风温度以 72～73℃为宜。一般以改变浓豆乳的流量来控制排风温度，排风温度既不能过高也不能过低。温度过低产品水分大，过高会使雾滴粒子外层迅速干燥，使颗粒表面硬化。

(7) 包装　用聚乙烯袋包装，可保持豆乳粉 3 个月不变质。如需长期贮存则应用复合薄膜包装或充氮包装。

六、膨化全脂豆粉

膨化全脂豆粉是采用现代挤压膨化技术生产的一种优质豆粉。由于膨化过程中升温和降温迅速，蛋白质、维生素几乎没有损失，油脂细胞受破坏而使油滴均匀分散易被吸收，同时，大豆中有害物质因湿热处理而迅速除去。

1. 工艺流程

大豆→清理→烘干、粗碎脱皮→粉碎→混合→挤出膨化、烘干冷却→粉碎磨粉→全脂膨化豆乳

2. 操作要点

（1）大豆在膨化机内受到高温高压的作用后使水分形成蒸汽，以最短的时间蒸熟原料后挤出，在机外减压膨胀，形成疏松颗粒（也称膨化蛋白）。

（2）然后再经冷却脱水，用锤片式粉碎机粉碎成大小符合要求的颗粒即为成品。

七、无糖速溶豆粉

1. 工艺流程

大豆→清理→烘干→脱皮→酶钝化→磨豆→浆渣分

离→均质→杀菌→真空脱臭→冷却→浓缩→干燥→无糖豆乳

2. 操作要点

(1) 烘干　烘干温度控制在（120±5）℃，15min，能使大豆容易脱皮即可。温度过高，时间过长易使蛋白质变性，影响速溶。

(2) 磨豆　保证磨豆水温在（80±2）℃，达到钝化大豆脂肪氧化酶不产生豆腥味，不影响口感为好。

(3) 杀菌　保证超高温时杀菌温度（135±5）℃，5s完成。时间过长、温度太高也会使豆乳中蛋白质变性，影响豆粉速溶。

(4) 冷却　杀菌的豆乳应立即冷却至室温（应低于20℃），否则温度高、时间长易使蛋白质变性，影响溶解性和豆粉的口感。

(5) 浓缩　控制双效浓缩温度不能高于90℃。干燥前浓度达到20%～22%，浓度过高和过低都不利于速溶，并保证一次达到浓度要求，不能打回流。

(6) 干燥　关键过程、关键设备采用世界上先进的意大利帕玛拉特技术改造老式干燥塔，即将原来的单喷枪改造成三喷枪；布袋室改造成旋风分离细粉回收复聚；自然凉粉改造成三段式流化床二次干燥喷涂卵磷脂，强制凉粉，使无糖豆粉的生产达到速溶效果。

八、豆浆

1. 咸豆浆

（1）原料　黄豆 500g，油条 120g，榨菜 80g，红酱油 25g，精盐 25g，白糖 25g，味精 3g，醋 25g，葱末 10g，虾皮 10g，辣油 10g，油脚 2g。

（2）操作要点

① 先将油条切成丁，榨菜切成末。

② 将红酱油、精盐、白糖、味精加水 250g，入锅煮沸倒出，再加入醋，制成酱醋混合调料。

③ 将黄豆拣去杂质，淘洗干净，浸入水中浸泡（夏天浸泡 4h，春秋天浸泡 9h，冬天浸泡 15h），至黄豆涨发，倒入淘罗，用水洗净。

④ 用石磨将浸泡好的黄豆磨成浆，边磨边加水，加水要适量，以使豆浆浓度不低于规定标准（浓度为 6°Bé）。

⑤ 将磨出的浆水连同豆渣一同舀入清洁的白细滤浆布内，加入油脚 2g 左右（有去渣的作用），经过滤即为生豆浆，然后将豆浆煮沸 20min，随煮随搅，以免焦煳。

⑥ 将油条丁、榨菜末、虾皮、葱末等放入豆浆内煮至滚沸，离火，加酱醋混合调料，淋几滴辣油，盛入清洁消毒的碗中即成。

2. 普通豆浆

（1）原料　豆腐粉 100g，清水 1400g，白糖适量。

（2）操作要点

① 将豆腐粉加四分之一清水和成糊，用豆包布过一下，如有豆腐粉疙瘩要弄开，过成豆浆。

② 将剩余的清水，倒入锅中烧开后，将过好的豆浆糊分几次慢慢加入锅里，熬开后，打去浆沫，加入适量白糖即可食用。

参考文献

[1] 高海燕，尚宏丽．食品工厂设计与环境保护［M］．北京：化学工业出版社，2021．

[2] 赵良忠，尹乐斌．豆制品加工技术［M］．北京：化学工业出版社，2019．

[3] 曾洁，赵秀红．豆类食品生产加工［M］．北京：化学工业出版社，2011．

[4] 朱建飞，刘欢．大豆制品生产技术［M］．北京：化学工业出版社，2022．

[5] 高海燕，曾洁．食品机械与设备［M］．北京：化学工业出版社，2017．

[6] 梁琪．豆制品加工工艺与配方［M］．北京：化学工业出版社，2010．

[7] 赵齐川．豆制品加工技艺［M］．北京：金盾出版社，2009．

[8] 张志健．新型豆制品加工工艺与配方［M］．北京：科学技术文献出版社，2002．

[9] 李喜宏，王冬洁，李平．大豆及豆类保鲜与加工技术［M］．北京：中国农业出版社，2009．